IPA-IAO

Forschung und Praxis

Band 218

Berichte aus dem
Fraunhofer-Institut für Produktionstechnik und Automatisierung (IPA), Stuttgart,
Fraunhofer-Institut für Arbeitswirtschaft und Organisation (IAO), Stuttgart,
Institut für Industrielle Fertigung und Fabrikbetrieb der Universität Stuttgart und
Institut für Arbeitswissenschaft und Technologiemanagement, Universität Stuttgart

Herausgeber: H. J. Warnecke und H.-J. Bullinger

Thomas Weisener

Herstellung geformter Schläuche mit Formdornen aus Formgedächtnislegierung

Mit 48 Abbildungen

Springer-Verlag Berlin
Heidelberg GmbH 1995

Dipl.-Ing. Thomas Weisener
Fraunhofer-Institut für Produktionstechnik und Automatisierung (IPA), Stuttgart

Prof. Dr.-Ing. Dr. h. c. Dr.-Ing. E. h. H. J. Warnecke
o. Professor an der Universität Stuttgart
Fraunhofer-Institut für Produktionstechnik und Automatisierung (IPA), Stuttgart

Prof. Dr.-Ing. habil. Dr. h. c. H.-J. Bullinger
o. Professor an der Universität Stuttgart
Fraunhofer-Institut für Arbeitswirtschaft und Organisation (IAO), Stuttgart

D 93

ISBN 978-3-540-60019-0 ISBN 978-3-662-07750-4 (eBook)
DOI 10.1007/978-3-662-07750-4

Gesamtherstellung: Copydruck GmbH, Heimsheim
SPIN 10505298 62/3020–6 5 4 3 2 1 0

Geleitwort der Herausgeber

Über den Erfolg und das Bestehen von Unternehmen in einer marktwirtschaftlichen Ordnung entscheidet letztendlich der Absatzmarkt. Das bedeutet, möglichst frühzeitig absatzmarktorientierte Anforderungen sowie deren Veränderungen zu erkennen und darauf zu reagieren.

Neue Technologien und Werkstoffe ermöglichen neue Produkte und eröffnen neue Märkte. Die neuen Produktions- und Informationstechnologien verwandeln signifikant und nachhaltig unsere industrielle Arbeitswelt. Politische und gesellschaftliche Veränderungen signalisieren und begleiten dabei einen Wertewandel, der auch in unseren Industriebetrieben deutlichen Niederschlag findet.

Die Aufgaben des Produktionsmanagements sind vielfältiger und anspruchsvoller geworden. Die Integration des europäischen Marktes, die Globalisierung vieler Industrien, die zunehmende Innovationsgeschwindigkeit, die Entwicklung zur Freizeitgesellschaft und die übergreifenden ökologischen und sozialen Probleme, zu deren Lösung die Wirtschaft ihren Beitrag leisten muß, erfordern von den Führungskräften erweiterte Perspektiven und Antworten, die über den Fokus traditionellen Produktionsmanagements deutlich hinausgehen.

Neue Formen der Arbeitsorganisation im indirekten und direkten Bereich sind heute schon feste Bestandteile innovativer Unternehmen. Die Entkopplung der Arbeitszeit von der Betriebszeit, integrierte Planungsansätze sowie der Aufbau dezentraler Strukturen sind nur einige der Konzepte, die die aktuellen Entwicklungsrichtungen kennzeichnen. Erfreulich ist der Trend, immer mehr den Menschen in den Mittelpunkt der Arbeitsgestaltung zu stellen - die traditionell eher technokratisch akzentuierten Ansätze weichen einer stärkeren Human- und Organisationsorientierung. Qualifizierungsprogramme, Training und andere Formen der Mitarbeiterentwicklung gewinnen als Differenzierungsmerkmal und als Zukunftsinvestition in *Human Recources* an strategischer Bedeutung.

Von wissenschaftlicher Seite muß dieses Bemühen durch die Entwicklung von Methoden und Vorgehensweisen zur systematischen Analyse und Verbesserung des Systems Produktionsbetrieb einschließlich der erforderlichen Dienstleistungsfunktionen unterstützt werden. Die Ingenieure sind hier gefordert, in enger Zusammenarbeit mit anderen Disziplinen, z.B. der Informatik, der Wirtschaftswissenschaften und der Arbeitswissenschaft, Lösungen zu erarbeiten, die den veränderten Randbedingungen Rechnung tragen.

Die von den Herausgebern geleiteten Institute, das

- Institut für Industrielle Fertigung und Fabrikbetrieb der Universität Stuttgart (IFF),

- Institut für Arbeitswissenschaft und Technologiemanagement (IAT)

- Fraunhofer-Institut für Produktionstechnik und Automatisierung (IPA),

- Fraunhofer-Institut für Arbeitswirtschaft und Organisation (IAO)

arbeiten in grundlegender und angewandter Forschung intensiv an den oben aufgezeigten Entwicklungen mit. Die Ausstattung der Labors und die Qualifikation der Mitarbeiter haben bereits in der Vergangenheit zu Forschungsergebnissen geführt, die für die Praxis von großem Wert waren. Zur Umsetzung gewonnener Erkenntnisse wird die Schriftenreihe "IPA-IAO - Forschung und Praxis" herausgegeben. Der vorliegende Band setzt diese Reihe fort. Eine Übersicht über bisher erschienene Titel wird am Schluß dieses Buches gegeben.

Dem Verfasser sei für die geleistete Arbeit gedankt, dem Springer-Verlag für die Aufnahme dieser Schriftenreihe in seine Angebotspalette und der Druckerei für saubere und zügige Ausführung. Möge das Buch von der Fachwelt gut aufgenommen werden.

H.J. Warnecke H.-J. Bullinger

Vorwort

Die vorliegende Arbeit entstand während meiner Tätigkeit als wissenschaftlicher Mitarbeiter am Fraunhofer-Institut für Produktionstechnik und Automatisierung (IPA), Stuttgart.

Mein besonderer Dank gilt Herrn Prof. Dr.-Ing. h.c. mult. H.-J. Warnecke, Präsident der Fraunhofer Gesellschaft, für seine großzügige Unterstützung und Förderung, die zur erfolgreichen Durchführung dieser Arbeit beigetragen hat.

Herrn Prof. Dr.-Ing. K. Langenbeck danke ich für die Übernahme des Mitberichts und die eingehende Durchsicht der Arbeit.

Bedanken möchte ich mich bei Herrn Prof. Dr.-Ing. R.-D. Schraft und Herrn Dr.-Ing. M. Schweizer, bei allen Kolleginnen und Kollegen sowie Studenten, die mich am Institut durch ihre konstruktive Mitarbeit unterstützt haben. Vor allem die Zusammenarbeit mit Herrn Dr.-Ing. T. Leicht, Herrn Dipl.-Ing. G. Vögele und Frau Dipl.-Ing. (FH) A. Hasenclever hat mir viel bedeutet.

Meiner Familie und ganz besonders meiner Frau Evelyn danke ich für das Verständnis, mit dem sie das Entstehen dieser Arbeit begleitet haben.

Heimerdingen, März 1995 Thomas Weisener

INHALTSVERZEICHNIS

0 Abkürzungen und Formelzeichen

Großbuchstaben

A	-	Matrix
BMFT	-	Bundesministerium für Forschung und Technologie
CCD	-	Charge Coupled Device
CIM	-	Computer Integrated Manufacturing
CR	-	Polychloropren-Kautschuk
CSM	-	Chlorsulfoniertes Polyethylen
CuAlNi	-	Kupfer-Aluminium-Nickel
CuZnAl	-	Kupfer-Zink-Aluminium
D_a	mm	Krümmeraußendurchmesser
D_i	mm	Krümmerinnendurchmesser
E_{el}	J	Elektrische Energie
E_{Elast}	N/mm²	E-Modul Elastomer unvulkanisiert
E_{FGL}	N/mm²	E-Modul Formgedächtnislegierung
EPDM	-	Ethylen-Propylen-Kautschuk
F_{ab}	N	Abdornkraft
F_{auf}	N	Aufdornkraft
FeMnSi	-	Eisen-Mangan-Silizium
FeNiCoTi	-	Eisen-Nickel-Kobalt-Titan
F_{FR}	N	Festkörperreibkraft
F_G	N	Gewichtskraft
FG	-	Formgedächtnis
FGL	-	Formgedächtnislegierung
F_{RE}	-	Eulersche Reibkraft
F_S	N	Scherkraft
G	N/mm²	Schubmodul
G_{Elast}	N/mm²	Schubmodul Elastomer
H	-	Geometrie Hohldorn
H_2SO_4	-	Schwefelsäure
HCl	-	Salzsäure

Kfz	-	Kraftfahrzeug
L	mm	Krümmergesamtlänge
Lkw	-	Lastkraftwagen
M_b	Nm	Biegemoment
M_{bD}	Nm	Biegemoment des Formdornes durch Formgedächtniseffekt
M_{bG}	Nm	Biegemoment durch Gewichtskraft
M_{bR}	Nm	Biegemoment des Rohlings
M_{tD}	Nm	Torsionsmoment Formdorn
M_{tG}	Nm	Torsionsmoment durch Gewichtskraft
M_{tR}	Nm	Torsionsmoment Rohling
NBR	-	Nitrilkautschuk
NC	-	Numeric Control
NiTi	-	Nickel-Titan
NiTiCu	-	Nickel-Titan-Kupfer
NiTiX	-	Nickel-Titan-Basislegierung
PC	-	Personal Computer
Pkw	-	Personenkraftwagen
Q	J	Wärmemenge
R_n	mm	Krümmungsradius des n-ten Krümmerabschnittes
R_t	mm	Krümmungsradius im Teachgesenk
S	-	Schwerpunkt
SBR	-	Styrolkautschuk
T	°C	Temperatur
T	-	Lösungsvektor
T_0	°C	Ausgangstemperatur Erwärmung
T_{AB}	°C	Temperatur Arbeitsbereich
T_{AF}	°C	Austenit-finish-Temperatur
T_{AS}	°C	Austenit-start-Temperatur
$\dot{T}_D$	K/s	Erwärmungsgeschwindigkeit des Formdornes
T_{FGL}	°C	Charakteristische Umwandlungstemperatur Formgedächtnislegierung
T_{MD}	°C	Kritische Martensittemperatur
T_{MF}	°C	Martensit-finish-Temperatur

T_{MS}	°C	Martensit-start-Temperatur
T_{VH}	°C	Temperatur Vorheizbereich
T_{VO}	°C	Obere Vulkanisationstemperatur
T_{VU}	°C	Untere Vulkanisationstemperatur
T_W	°C	Wärmebehandlungstemperatur
$\dot{V}$	mm³/s	Volumenstrom
V1	-	Geometrievariante 1 für Runddrahtverbunddorn
V2	-	Geometrievariante 2 für Runddrahtverbunddorn
W_{bD}	mm³	Widerstandsmoment des Dornes gegen Biegen
W_{bR}	mm³	Widerstandsmoment des Rohlings gegen Biegen
W_{FGL}	J	Arbeitsvermögen von Formgedächtnislegierungen
W_{tD}	mm³	Widerstandsmoment des Dornes gegen Torsion
W_{tR}	mm³	Widerstandsmoment des Rohlings gegen Torsion

Kleinbuchstaben

a	m²/s	Temperaturleitfähigkeit
at%	%	Prozentualer Anteil der atomaren Verteilung
b	-	Randvektor
c	J/(gK)	Spezifische Wärmekapazität
d	mm	Dorndurchmesser
d_{min}	mm	Notwendiger Formdorndorndurchmesser
g	-	Erdbeschleunigung
i	-	Dornprobennummer
k_f	-	Korrekturfaktor
l_F	mm	Fügeweglänge
l_n	mm	Länge des n-ten Krümmerabschnittes
m_D	kg	Masse Formdorn
m_R	kg	Masse Rohling
p	N/mm²	Druck
p_i	N/mm²	Druck in Flüssigkeit
p_v	N/mm²	Vulkanisationsdruck
r	mm	Radius
r_a	mm	Äußerer Radius des aufgedornten Rohlings

r_d	mm	Radius Formdorn
r_{hi}	mm	Innerer Radius Formdornrohr
s	mm	Wandstärke Rohling/Auffütterung
s_{ki}	mm	Verformungsprojektion
t_W	s	Haltezeit bei der Wärmebehandlungstemperatur
v_F	m/s	Fügegeschwindigkeit
w	mm	Wandstärke des FGL-Formdornrohres
x	-	Erste kartesische Koordinate
y	-	Zweite kartesische Koordinate
z	-	Dritte kartesische Koordinate

Griechische Buchstaben

α	W/(m²K)	Wärmeübergangskoeffizient
β_n	grad	Krümmungswinkel zwischen n-2- und n-tem Krümmerabschnitt
γ	%	Schiebung
γ_R	%	Schiebung an der Rohlinginnenseite
δ_n	grad	Drehwinkel zwischen n-2- und n-tem Krümmerabschnitt
ε	%	Dehnung
ε_0	%	Anfängliche Effektgröße an der Außenfaser
ε_a	%	Gedächtnisschwund (amnesia)
ε_d	%	Reversible plastische Dehnung
ε_{inw}	%	Ist-Verformung nach der Wärmebehandlung
ε_k	%	Dehnung an der Formdornaußenfaser nach dem k-ten Belastungszyklus
ε_m	%	Maximale Dehnung der Formdornaußenfaser
ε_n	%	Dehnung des n-ten Krümmerabschnitts
ε_p	%	Plastische Dehnung
ε_R	%	Dehnung des Rohlings an der Rohlinginnenfaser
ε_{svw}	%	Soll-Verformung vor der Wärmebehandlung
ε_t	%	Gesamtdehnung
η	N/s	Viskosität
κ	-	Kamerabefestigungswinkel
λ	W/(mK)	Wärmeleitfähigkeit

μ	-	Reibungskoeffizient
μ_{gl}	-	Gleitreibungskoeffizient
μ_h	-	Haftreibungskoeffizient
ν	-	Querkontraktionszahl
π	-	Kreiszahl
ρ	g/cm^3	Spezifisches Gewicht
ρ_{Elast}	g/cm^3	Spezifisches Gewicht Rohling
ρ_{FGL}	g/cm^3	Spezifisches Gewicht Formdorn
σ	N/mm^2	Spannung
σ_b	N/mm^2	Biegespannung
σ_{bD}	N/mm^2	Biegespannung Formdorn
σ_{bR}	N/mm^2	Biegespannung Rohling
σ_{NFGL}	N/mm^2	Nutzspannung von FGL
σ_t	N/mm^2	Gesamtspannung Belastungszyklus
τ	N/mm^2	Schubspannung
τ_{NFGL}	N/mm^2	Nutzbare Schubspannung von FGL
τ_{tD}	N/mm^2	Torsionsspannung im Formdorn
τ_{tR}	N/mm^2	Torsionsspannung an der Rohlinginnenseite
φ	grad	Umschlingungswinkel
ψ	-	Traganteil des Schmierfilms

<u>Sonstige</u>

∇	-	Nabla-Operator

<u>Häufig eingesetzte Indizes</u>

D	-	Formdorn
Elast	-	Elastomer
FGL	-	Formgedächtnislegierung
max	-	Maximal
min	-	Minimal
n	-	Zählervariable des Krümmerabschnitts
R	-	Rohling

1 Einleitung

1.1 Problemstellung

Die Automatisierung hat in den letzten zwei Jahrzehnten im Bereich der industriellen Fertigungsverfahren sowohl einen hohen Standard als auch Verbreitungsgrad erreicht und konnte damit zu einer Verbesserung von Arbeitsbedingungen und Produktqualität sowie zu einer Senkung der Produktionskosten beitragen /1...5/. Noch immer bestehen aber Automatisierungspotentiale bei Fertigungsverfahren, die durch komplexe Prozeßanforderungen gekennzeichnet sind.

Ein Bereich, für den diese Feststellung in hohem Maße zutrifft, ist die Fertigung von Produkten aus elastomeren Werkstoffen, die aufgrund der Materialeigenschaften und des biegeschlaffen Verhaltens der Halbzeuge hohe Anforderungen an Handhabung und Fügeverfahren stellt. Im Rahmen einer Umfrage bei Herstellern von Elastomerprodukten in Europa wurde für die Herstellungsprozesse durch Umformung ein mittlerer Automatisierungsgrad von 45 % ermittelt (Bild 1.1). Dieser basiert auf den weitgehend automatisierten Fertigungsvorgängen des Pressens, Spritzgießens und der Extrusion. Im Gegensatz dazu ist der Bereich der Fügeprozesse durch einen relativ niedrigen Automatisierungsgrad von durchschnittlich 23 % gekennzeichnet.

Bild 1.1: Automatisierungsgrad bei der Herstellung und Montage von Formartikeln

Ausgewählte Fügeprozesse bei elastomeren Produkten waren in den letzten Jahren Gegenstand von Entwicklungen, die zu punktuellen Automatisierungsansätzen geführt haben /6...9/. Bei der Herstellung geformter Schläuche /10/ fehlen aufgrund der Empfindlichkeit des Werkstoffes bzw. der Halbzeuge sowie der Variantenvielfalt bisher Automatisierungslösungen für den Formgebungsprozeß. Zur Formgebung wird nach dem bestehenden Fertigungsverfahren ein Rohschlauch aus unvernetztem Elastomerwerkstoff manuell auf einen Dorn aufgezogen, der in seiner dreidimensionalen Geometrie der konstruktiv vorgegebenen Gestalt des geformten Schlauches entspricht. Nach dem Vulkanisationsprozeß wird der stabilisierte Schlauch manuell vom Dorn abgezogen.

Die zum Herstellprozeß gehörenden Fügevorgänge sind aufgrund einseitiger Belastungen und hoher Kräfte ergonomisch ungünstig. Die Nähe der Vulkanisationsautoklaven zum Arbeitsplatz bedingt gleichzeitig eine belastende Arbeitsplatzumgebung. Zur Verbesserung dieser Situation existieren Ansätze /10, 11/ zur Automatisierung der Vorgänge des Auf- und Abdornens, die sich aber aufgrund der mangelnden Flexibilität der Lösungsprinzipien und des technischen Aufwandes in der Fertigung nicht durchsetzen konnten. Als Problemfelder der Automatisierung erweisen sich die sensorischen Anforderungen bei der Verarbeitung des weichen Werkstoffes sowie die handhabungstechnischen Anforderungen für biegeschlaffe Teile.

Im Hinblick auf die wachsende Zahl von Schlauchverbindungen, bedingt durch steigende Ausrüstungsumfänge in den Produktbereichen Kraftfahrzeug und Weiße Ware, erhöht sich derzeit der ökonomische Druck zur Verbesserung der Produktionsbedingungen bei der Herstellung geformter Schläuche. Erschwerend kommt hinzu, daß Schlauchprodukte zu einem großen Teil als Sicherheitsteile gelten und die Anforderungen an die Produktqualität mit der geforderten Reproduzierbarkeit und Dokumentationspflicht der Qualitätsnormen /12/ stark gestiegen sind.

1.2 Zielsetzung und Vorgehensweise

Das Ziel der vorliegenden Arbeit ist es, ein Verfahren zur automatisierten Herstellung geformter Schläuche zu entwickeln. Die Einführung von formvariablen Dornen, hergestellt aus einer Formgedächtnislegierung /13/, zum Ersatz der bisher formkonstanten Formdorne, bildet dazu den Lösungsansatz in Form eines neuen Werkzeugprinzips. Auf der Grundlage dieses Ansatzes soll ein durchgängig automatisierbares Verfahren zur Herstellung konzipiert und erprobt werden. Ziel ist dabei die Schaffung einer höchstmöglichen Flexibilität des Verfahrens, das durch die Anwendbarkeit auf ein Produktspektrum mit beliebigen dreidimensionalen Formvarianten sowie Durchmessern gekennzeichnet ist.

Die Herstellung geformter Schläuche mit Dornen aus Formgedächtnislegierung basiert auf der Anwendung des Formgedächtniseffektes. Dieser Effekt ermöglicht es, daß ein Bauteil in Abhängigkeit von seinem Temperaturzustand wiederholt zwei definierte geometrische Formen annehmen kann. Die Nutzung des Effektes zur Formgebung während der Heißdampfvulkanisation erlaubt sowohl einen einfachen Aufdornvorgang des Rohschlauches als auch Abdornvorgang des vulkanisierten Krümmers durch die gerade Form des Formdornes im abgekühlten Zustand.

Durch die Analyse des Werkstückspektrums und des Ist-Zustandes in der Fertigung geformter Schläuche werden die für den Formgebungsprozeß geltenden prozeß- und produktspezifischen Parameter ermittelt. Basierend darauf werden automatisierungstechnische Hindernisse untersucht und die Anforderungsprofile an das Verfahren und seine zu entwickelnden Teilsysteme abgeleitet.

Die Untersuchung der thermodynamischen, mechanischen und werkstofftechnischen Randbedingungen sowie die experimentelle Ermittlung von Dauerfestigkeitskennwerten für Formgedächtnislegierungen ermöglicht die Konzeption und Auslegung des Formdornsystems. Dieses stellt den zentralen Funktionsträger des Verfahrensprinzips dar.

Für die Umsetzung der Fügevorgänge zum Auf- und Abdornen werden kinematische Prinzipien ermittelt, die den Lösungsraum für Automatisierungsansätze bilden. Der Anwendungsbereich der Lösungsprinzipien wird unter Berücksichtigung der Bandbreite der Prozeßparameter spezifiziert und bewertet.

In einer Pilotanlage werden die ausgewählten Teilsystemkomponenten in ein Gesamtsystem integriert und die Einsatzmöglichkeiten und -grenzen des Verfahrens anhand eines typischen Produktes ermittelt. Die Erprobung des neuen Verfahrens im Langzeiteinsatz bildet die Grundlage zur Bestimmung der Wirtschaftlichkeit des Verfahrens.

2.1 Begriffe und Definitionen

Zur Festlegung einer einheitlichen Nomenklatur sind im folgenden die Begriffe der Herstellung geformter Schläuche zusammengefaßt und in Bild 2.1 erläutert.

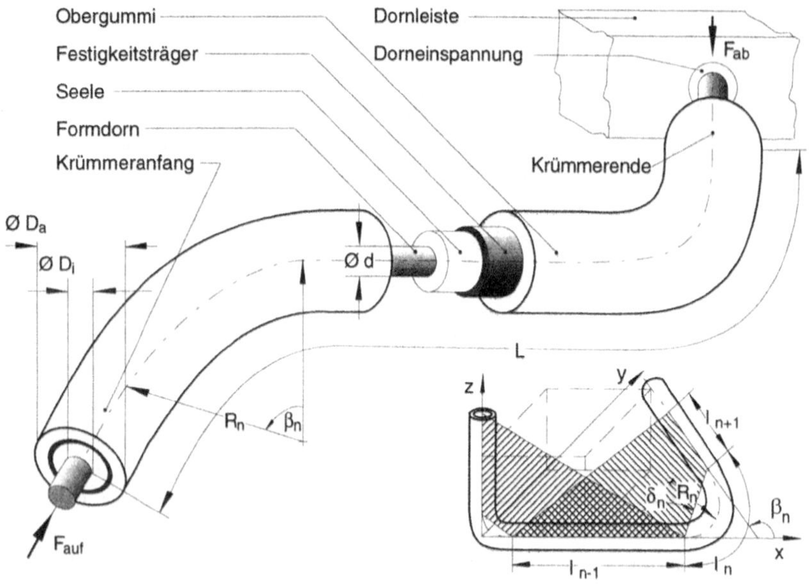

d	Dorndurchmesser	R_n	Krümmungsradius	l_n	Krümmerabschnittslänge
D_i	Krümmerinnendurchmesser	β_n	Krümmungswinkel		
D_a	Krümmeraußendurchmesser	δ_n	Drehwinkel	F_{auf}	Aufdornkraft
n	Zählervariable Krümmerabschnitt	L	Krümmergesamtlänge	F_{ab}	Abdornkraft

Bild 2.1: Definition von Begriffen der Geometrie und der Herstellung geformter Schläuche

Bei der Herstellung geformter Schläuche /10, 14/ wird der in der Vulkanisation formstabilisierte Schlauch synonym als Krümmer bezeichnet. Dieser wird aus einem Rohling erzeugt, der einen mehrschichtigen Aufbau aufweist. So wird die unterste, gegen das zu transportierende Medium resistente Schicht als Seele, der darauf aufgebrachte Faserverband aus Materialien wie Polyamid, Aramid, Kevlar oder Rayon als Festigkeitsträger und die gegen Umgebungseinflüsse widerstandsfähige Deckschicht als Obergummi oder Decke bezeichnet. Der Rohling wird in sequentiellen Fertigungsschritten auf einem mehrfach verwendbaren, elastomeren Runddorn aufgebaut. Die Herstellung umfaßt dabei Extrusionsvorgänge mit Querextrudern sowie Flechtvorgänge.

Die Herstellung geformter Schläuche teilt sich in die Prozeßschritte der Rohlingsherstellung und der Formgebung auf. Für die Formgebung wird dabei der Formgebungsprozeß und der Formstabilisierungsprozeß - verfahrenstechnisch meist als Druckvulkanisation durchgeführt - unterschieden. Der Formgebungsprozeß beinhaltet die Fügevorgänge des Aufdornens, gemäß DIN 8593 /15/ ein Vorgang des Ineinanderschiebens und des Abdornens als Umkehrung davon. Die beim Ineinanderschieben von Formdorn und Rohling bzw. Krümmer wirksamen Fügekräfte werden als Aufdorn- bzw. Abdornkraft bezeichnet. Die Höhe der Fügekraft wird durch einen Scherkraft- sowie einen Reibkraftanteil bestimmt.

Der Formdorn stellt den Gestaltbildner des Formgebungsprozesses dar. Die derzeit eingesetzten Formdorne werden aus rostfreiem oder oberflächenveredeltem Stahl mit NC-Biegemaschinen hergestellt. Die Dornform ist durch die aufgrund des elastomeren Werkstoffes und des Festigkeitsträgers bedingten Rückstellkräfte im Krümmer so korrigiert, daß der Krümmer nach dem Abdornen seine konstruktiv bestimmte Soll-Form einnimmt. Soll-Form des Krümmers und Dornform stimmen nur für Schläuche ohne Festigkeitsträger oder mit geringen Wandstärken überein.

Die Geometriebeschreibung eines Krümmers wird gemäß Bild 2.1 definiert. Der gesamte Krümmer kann in gerade und radiale Krümmerabschnitte aufgeteilt werden. Andere nichtlineare Krümmerabschnitte kommen selten vor und werden daher nicht weiter betrachtet. Die geraden Krümmerabschnitte werden vektoriell als Krümmerabschnittsvektoren beschrieben. Die Summe aller Krümmerabschnittslängen ergibt die Krümmergesamtlänge zwischen Krümmeranfang und Krümmerende. Radiale Krümmerabschnitte werden beschrieben durch den Krümmungsradius und einen Krümmungswinkel. Der Krümmungswinkel ergibt sich aus dem Skalarprodukt des dem radialen Krümmerabschnitt jeweils vorhergehenden sowie nachfolgenden geraden Krümmerabschnittsvektors. Die räumliche Lage von zwei benachbarten geraden Krümmerabschnitten zueinander wird durch den Krümmungswinkel und einen Drehwinkel festgelegt. Der Drehwinkel ergibt sich aus dem Winkel zwischen der durch die zwei geraden Krümmerabschnittsvektoren aufgespannten Ebene und der entsprechend vorhergehenden Ebene.

2.2 Stand der Technik

2.2.1 Herstellung geformter Schläuche

Die Herstellung von Krümmern (Bild 2.2) erfolgt, bedingt durch den Prozeß der Druckvulkanisation, in diskontinuierlicher Fertigung /10, 14/. In der Rohlingsherstellung sind teilautomatisierte Systeme für die Fertigungsprozesse des Extrudierens und Flechtens eingesetzt, während der gesamte Materialfluß zwischen den Prozeßschritten und die Handhabungsvorgänge nicht automatisiert sind.

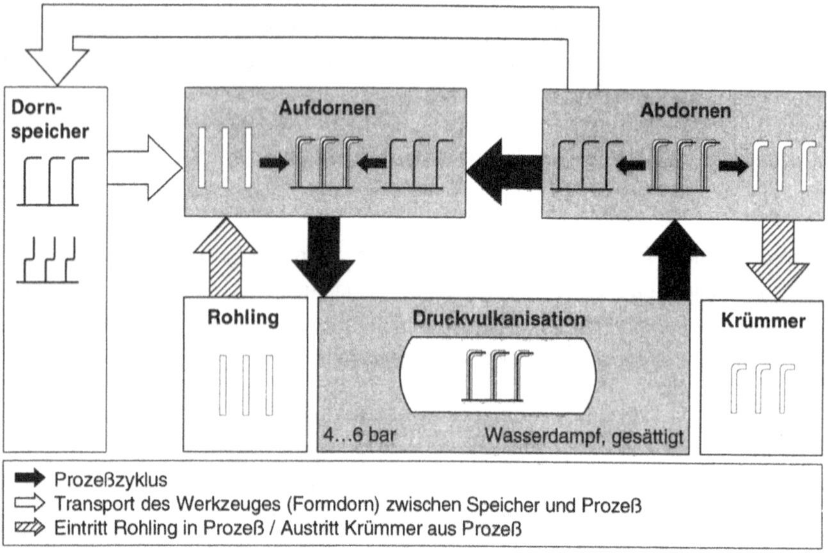

Bild 2.2: Formgebungs- und Formstabilisierungsprozeß in der Krümmerherstellung

Die Herstellung geformter Schläuche ist konventionell als zyklischer Prozeß in losweiser Fertigung organisiert mit den drei aufeinanderfolgenden Phasen Aufdornen, Vulkanisation und Abdornen, wie in Bild 2.2 dargestellt. Prozeßbestimmendes Werkzeug ist der Formdorn, der in Mehrfachanordnung auf sogenannten Dornleisten befestigt ist. Die Dornleisten werden auf fahrbaren Dorngestellen zur Vulkanisation in den Autoklav eingefahren. Für die Vulkanisation geformter Schläuche wird Heißdampf mit 4...6 bar eingesetzt, der die sichere Verbindung von Obergummi, Festigkeitsträger und Seele gewährleistet.

Der Formgebungsprozeß mit den manuellen Arbeitsvorgängen Aufdornen und Abdornen war aufgrund seiner ergonomischen Randbedingungen bereits in der Vergangenheit Gegenstand einer Studie /10/, in der eine Reihe von teilautomatisierten Verfahren (Bild 2.3) und Hilfswerkzeugen entwickelt und erprobt wurden. Den teilautomatisierten Verfahren Repetier-, Kanonen- und Zentrifugalverfahren sowie dem quasikontinuierlichen und dem Verfahren mit Schiebefeder ist die Verwendung eines angekoppelten Vordornes gemeinsam, von dem aus ein Rohling auf den eigentlichen Formdorn geschoben oder gezogen wird. Der Vorgang des Auf- bzw. des Abdornens erfolgt dabei nach unterschiedlichen Wirkprinzipien. So werden beim vollautomatischen Repetierverfahren die Dorne jeweils einzeln unter der Aufschiebeeinheit durchgetaktet, während beim quasikontinuierlichen Verfahren mehrere Rohlinge gleichzeitig aufgeschoben werden. Beide Verfahren können ausschließlich zum Aufdornen eingesetzt werden, wohingegen das Kanonenverfahren im Einfachnutzen sowie das Verfahren mit Schiebefeder im Mehrfachnutzen durch den Einsatz einer beliebig verformbaren Schiebeeinheit sowohl zum Auf- als auch zum Abdornen eingesetzt werden können. Das Zentrifugalverfahren erlaubt ebenfalls beide Anwendungen, wobei aufgrund der Krafteinleitung prozeßtechnische Vorteile gegenüber den oben genannten Verfahren bestehen. Die im Rahmen der Studie entwickelten Handwerkzeuge stellen Hilfsmittel zur Kraftübersetzung dar. Abdornpistole mit Klemmeinheit, "Eiserne Hand" und Reibradpistole erreichen ihre Fügefunktionen durch Einleitung der Kräfte auf begrenzten Wegstrecken.

Die Automatisierung des Abdornvorganges durch Industrieroboter wird in /11/ vorgeschlagen. Aufgrund der komplexen kinematischen Anforderungen durch die Krümmergeometrien ist dieses Verfahren technisch sehr aufwendig und gleichzeitig in seiner Flexibilität begrenzt. Die in Bild 2.3 dargestellten Systeme haben sich aufgrund mangelnder Erfüllung der Flexibilitätsanforderungen oder aufgrund des technischen Aufwandes nicht in der industriellen Anwendung durchgesetzt.

Verwandt mit dem Fügevorgang des Aufdornens ist die Montage von Krümmern auf Flanschbauteile über kurze Fügewege, wie sie in /7, 8, 16, 17/ untersucht wurde. Die aufgezeigten Lösungen zur Herstellung von Schlauchverbindungen durch automatisiertes Aufschieben mit Industrierobotern eignen sich nicht für die Krümmerherstellung, da der Schlauch unter Anwendung dieser Verfahren nicht über seine gesamte Länge auf einen Dorn aufgezogen werden kann.

Verfahrensgruppe	Auf- und Abdornsysteme / Kriterien		Eignung Fügevorgang	Automatisierbarkeit	Geometrieflexibilität	Durchmesserflexibilität	Technischer Aufwand
teilautomatisierte Verfahren	Repetierverfahren[1] mit Vordorn und Schiebehülse	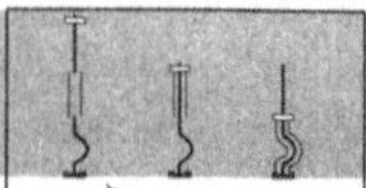	↑	●	○	◐	○
teilautomatisierte Verfahren	Quasikontinuierliches Verfahren[1] mit Langdorn und bewegten Schiebehülsen	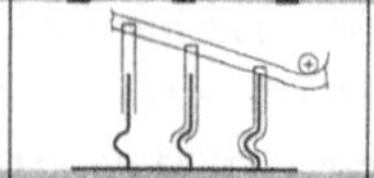	↑	●	○	◐	○
teilautomatisierte Verfahren	Kanonenverfahren[1]	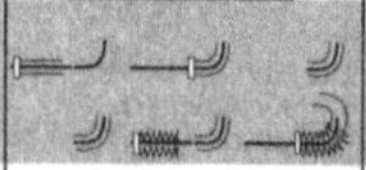	↑↓	◐	◐	○	◐
teilautomatisierte Verfahren	Zentrifugalverfahren[1]	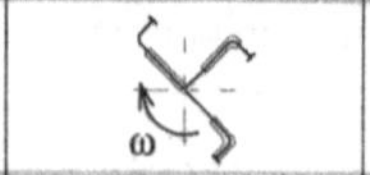	↑↓	◐	◐	●	○
teilautomatisierte Verfahren	Abdornen durch robotergestütztes Abziehwerkzeug mit 2 Freiheitsgraden[2]	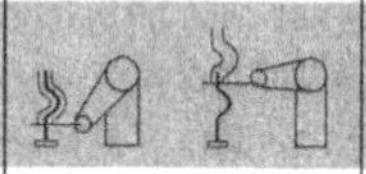	↓	●	◐	◐	○
teilautomatisierte Verfahren	Auf- und Abdornen mit Schiebefeder[2]	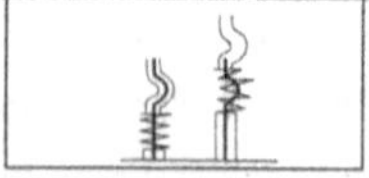	↑↓	◐	●	○	◐
mechanisierte Verfahren	Abdornpistole mit Klemmeinheit[1]	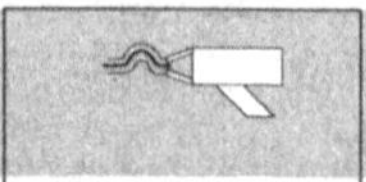	↓	○	◐	○	◐
mechanisierte Verfahren	"Eiserne Hand"[1]	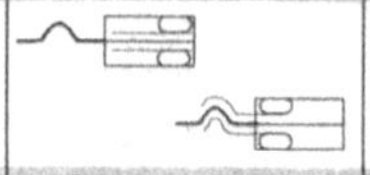	↓	○	◐	○	◐
mechanisierte Verfahren	Auf- und Abdornpistole mit Reibrädern[1]	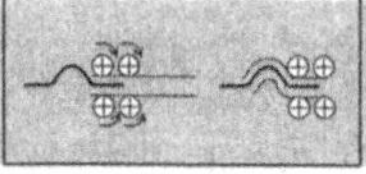	↑↓	○	◐	◐	◐

[1] Beecken, E. /10/
[2] Kugelmann, F. /11/

↑ Aufdornen
↓ Abdornen

● gut geeignet
◐ nicht ausreichend geeignet
○ nicht geeignet

Bild 2.3: Bekannte Ansätze des automatisierten Auf- und Abdornens

2.2.2 Formgedächtnislegierungen

Der Formgedächtniseffekt wurde 1932 entdeckt, konnte jedoch erst 1951 /18/ metallurgisch als thermoelastische Martensit-Austenit-Umwandlung /19...25/ erklärt werden. Seit den 60er Jahren werden Formgedächtnislegierungen (FGL oder FG-Legierungen) als Konstruktionswerkstoff eingesetzt. Der Einsatz von FG-Legierungen ist aufgrund von hohen technischen Hemmnissen und Kapitaleinsatz derzeit auf die Medizintechnik und wenige Spezialanwendungen, wie Rohrverbindungen in der Luft- und Raumfahrttechnik oder thermische Stellelemente begrenzt. Die Delphi-Studie des BMFT /26/ stellt die Bedeutung von FGL zur Steigerung der Effizienz von Maschinen durch derartige "intelligente" Materialien (z.B. Sensor-Aktor-Systeme) in den kommenden Jahrzehnten heraus.

Beim Formgedächtniseffekt handelt es sich um einen von der Raumrichtung unabhängigen Effekt, bestimmt durch die Parameter Spannung, Dehnung und Temperatur /27/, der bei geeigneten Legierungssystemen, wie Nickel-Titan- /28...30/ oder Kupferbasislegierungen /31/, für drei spezifische Eigenschaften verantwortlich ist. Dies sind

- Formgedächtnis,
- Superelastizität und
- Schwingungsdämpfung.

Ursache dafür ist die reversible Kristallgitteränderung in Abhängigkeit von der mechanischen und thermischen Belastung der für den Effekt verantwortlichen atomaren Zwillingsverbindungen. Die maximale Größe des Effektes ist durch die legierungsabhängige Kristallstruktur begrenzt. Durch das Anlegen von Schubspannungen kommt es zu einem Umklappen der Zwillinge unter Erhalt der Atombindung und damit zur pseudoplastischen Verformung einer Makrostruktur. Die Herstellung des ursprünglichen Formzustandes wird ermöglicht durch eine thermisch oder spannungsinduziert erzeugte Phasenumwandlung.

FG-Legierungen können damit in Abhängigkeit von der Temperatur zwei unterschiedliche Formzustände annehmen, wie in Bild 2.4 dargestellt. Tritt der beschriebene Effekt beim Phasenübergang ausschließlich von der Niedertemperatur zur Hochtemperatur auf, so spricht man vom Einwegeffekt. Das Auftreten des Effektes bei den Phasenübergängen sowohl von der Niedertemperaturphase in die Hochtemperaturphase als auch umgekehrt nennt man Zweiwegeffekt. Der Zweiwegeffekt weist eine wesentlich geringere Effektgröße auf.

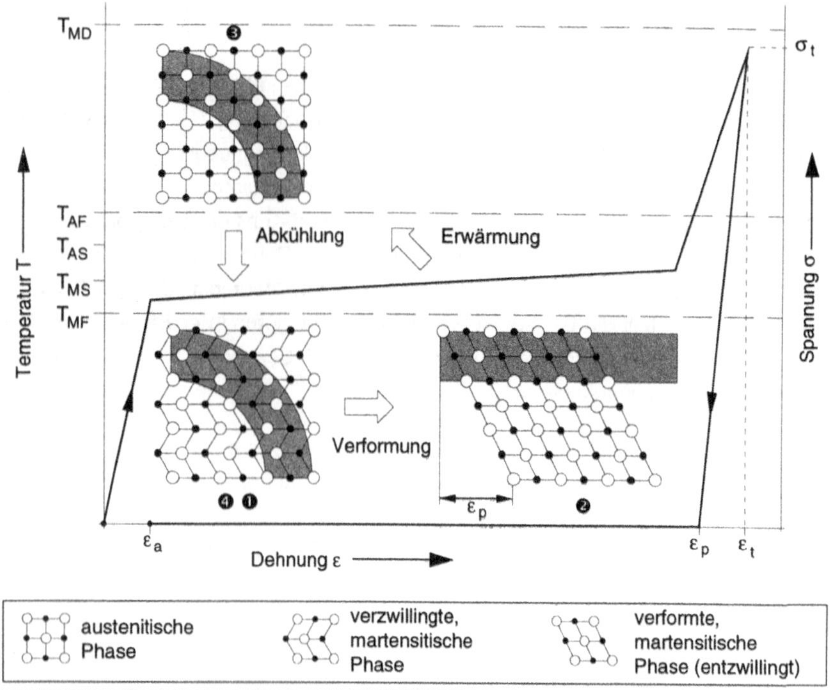

T_{AF}	Austenit-finish-Temperatur	ε_a	Gedächtnisschwund (amnesia)
T_{AS}	Austenit-start-Temperatur	ε_p	plastische Dehnung
T_{MD}	kritische Martensittemperatur	ε_t	Gesamtdehnung
T_{MF}	Martensit-finish-Temperatur	σ_t	Gesamtspannung Belastungszyklus
T_{MS}	Martensit-start-Temperatur		

Bild 2.4: Freies Formgedächtnis von FG-Legierungen (T/ε- und σ/ε-Darstellung)

Ausgangszustand ❶ eines unbehinderten Verformungszyklus (freies Formgedächtnis) ist der unverformte, verzwillingte Martensit. Durch plastische Verformung wird der verformte, entzwillingte Martensitzustand ❷ erreicht. Das Spannungs-Dehnungs-Diagramm in Bild 2.4 zeigt dabei das typische FGL-Verhalten. An einen ersten Hookeschen Bereich schließt sich der sogenannte Martensitplateaubereich an, der durch das Entzwillingen der Martensitstruktur gekennzeichnet ist. Wird die kristallstrukturbedingte Verformungsgrenze erreicht, kommt es nach einem zweiten Hookeschen Bereich zu Versetzungsbewegungen und damit zu einer irreversiblen Verformung.

Nach der Verformung über die Gesamtdehnung ε_t stellt sich im spannungsfreien Zustand die plastische Dehnung ε_p ein. Durch Erwärmung ❷ ⇨ ❸ verwandelt sich das martensitische Gefüge ab der Temperatur Austenit-start (T_{AS}) bis zur Temperatur Austenit-finish (T_{AF}) vollkommen in das kubisch-raumzentrierte, austenitische Kristallgitter ❸ zurück. Bei diesem Umwandlungsvorgang kann hohe Arbeit geleistet werden. Er führt zu einer meist nicht vollständigen Rückverformung in den Ausgangszustand. Die Restdehnung ε_a wird als Gedächtnisschwund bezeichnet. Sie ist abhängig von der Legierungszusammensetzung und -wärmebehandlung. Die Differenz zwischen plastischer Dehnung und Restdehnung ergibt die reversible plastische Dehnung ε_d.

Die Umwandlung vom austenitischen ins martensitische Gefüge ❸ ⇨ ❹ erfolgt beginnend mit der Temperatur Martensit-start (T_{MS}) bis zur Temperatur Martensit-finish (T_{MF}) und der vollständigen Martensitkristallisation ❹ ohne Verformung durch das sogenannte Verzwillingen.

Die elementaren Mechanismen von Formgedächtnislegierungen finden Anwendung in unterschiedlicher Form. Je nach Einstellung der Verfahrensparameter im T-σ-ε Diagramm spricht man von freiem oder behindertem Formgedächtnis. Bisher sind keine Anwendungen des freien Formgedächtnisses in technischen Prozessen bekannt.

Der sogenannte behinderte Einwegeffekt findet Anwendung bei kombinierten Aktor-/Sensorelementen. Technische Realisierungsbeispiele sind kombinierte Federstellelemente aus FGL- und Federstahllegierung für Ventile (z.B. Brandschutz) oder Bewegungselemente (z.B. Gewächshaussteuerung). In der Verbindungstechnik /32/ existieren Rohrverbindungen aus FGL-Muffen, Steckersockel u.a.

Der Effekt der Superelastizität von Formgedächtnislegierungen /33/ basiert auf der spannungsinduzierten Martensitbildung in der austenitischen Phase bei gleichbleibender Temperatur. Der Temperaturbereich für die Effektentwicklung bewegt sich unterhalb der legierungsspezifischen, kritischen Martensittemperatur (T_{MD}) und oberhalb der Austenit-finish-Temperatur. Basierend auf dem Superelastizitätseffekt können Federn hergestellt werden, deren Federkraft im Arbeitsbereich in einem bestimmten Wegintervall annähernd konstant ist. Anwendungen dieses Effektes finden sich vielfach in der Medizintechnik. Für Federdrähte als Bestandteil von Zahnregulierungen werden FGL-Drähte beispielsweise zur selbstständigen Nachstellung eingesetzt.

3 Analyse der Fertigungsaufgabe und Ableitung von Anforderungen an die automatisierte Herstellung geformter Schläuche mit Formdornen aus Formgedächtnislegierung

3.1 Analyse der Fertigungsaufgabe

3.1.1 Produktspektrum

Geformte Schläuche werden eingesetzt zum Transport von flüssigen oder gasförmigen Medien /34/, drucklos oder im Niederdruckbereich bei Temperaturen von -100 bis +150°C. Sie finden aufgrund ihrer hohen Schwingungsfestigkeit und nahezu unbegrenzten Formbarkeit Anwendung in vielen Produktbereichen. Elastomere Krümmer zur Führung von Wasser bzw. wässrigen Lösungen sowie Öl und Kraftstoff haben im Kfz-Bereich /7/ ihren Anwendungsschwerpunkt mit einer Jahresstückzahl von etwa 150 Mio. Weiße Ware sowie Maschinen- und Anlagenbau folgen mit Stückzahlen von etwa 5 Mio St./a, während Luft- und Raumfahrt, Lebensmitteltechnik, Schiffbau und Medizintechnik nur marginale Bedeutung bei den Produktionsstückzahlen haben.

Zur Bestimmung der produktionstechnischen Randbedingungen der Krümmerherstellung wurde bei 59 Unternehmen eine Analyse von

- Stückzahlen und Losgrößen,
- Variantenvielfalt,
- Produktlebensdauer,
- Automatisierungshemmnissen,
- Produktgeometrie und
- Herstellungstoleranzen

durchgeführt. Das Mengen- und Variantenspektrum der Unternehmen ist in Bild 3.1 dargestellt. Die durchschnittlichen Stückzahlen im Kfz-Bereich stellen mit einer Rate von 1.000 bis 100.000 Stück pro Tag einen Einsatzbereich dar, der sich für eine Automatisierung eignet. Die in allen Produktbereichen hohe Zahl an Varianten mit bis zu 700 Stück sowie die kleinsten Losgrößen zwischen 1 und 10 Stück erfordern für den Prozeß der Formgebung eine hohe Flexibilität. Die Produktlebensdauer für geformte Schläuche liegt im Kfz-Bereich bei durchschnittlich 6, in den anderen Produktbereichen bei 10 Jahren. Abnehmende Produktlebenszeiten sind aufgrund der verstärkten Wettbewerbssituation zu erwarten, was die Anforderungen an eine schnelle Bemusterung und damit an flexible Betriebsmittel erhöht.

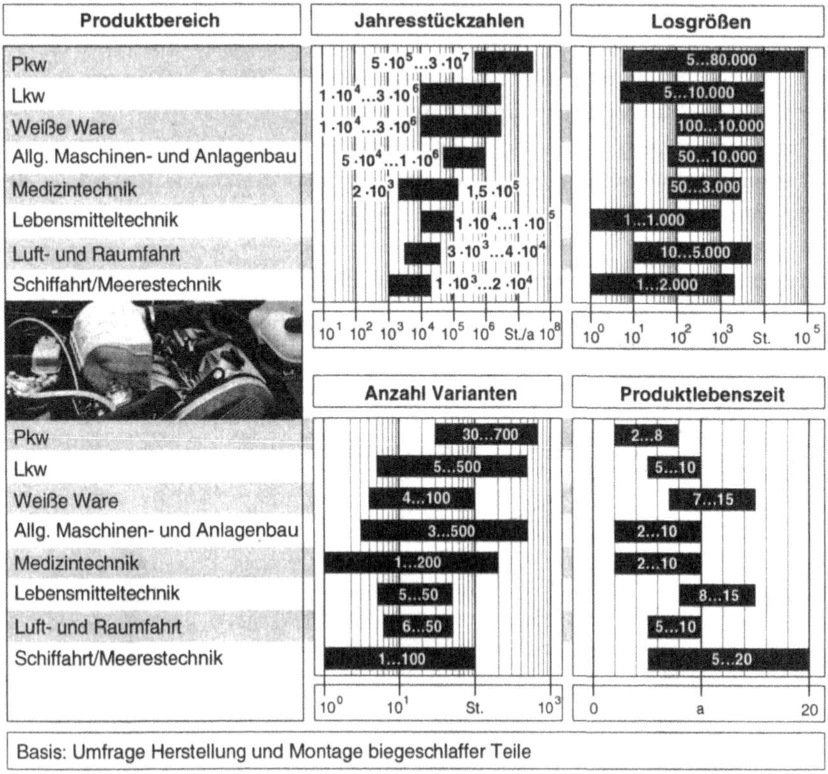

Bild 3.1: Produktionstechnische Randbedingungen der Krümmerherstellung

3.1.2 Geometrie geformter Schläuche

Der Auf- und Abdornvorgang von Schlauchkrümmern wird charakterisiert durch die Prozeßgrößen Fügekraft und Fügekinematik. Dabei bestimmen das Pressungsverhältnis, der Reibungskoeffizient und die Materialfestigkeit, die Rohlingslänge und die Krümmungen die aufzubringende Fügekraft. Die Fügekinematik wird durch die Geometrie eines Krümmers vorgegeben. Zur Erfassung der Größen, aus denen die prozeßtechnischen Parameter abgeleitet werden, wurde ein repräsentatives Spek-

Die Dehnungswerte liegen überwiegend im Bereich von 10...25 %, mit einem Mittelwert von 18 %. Die für den Formdorn umgerechneten Dehnungsgrößen an der Innenfaser der Krümmer sind geringfügig niedriger. Da die maximal zulässige Verformungsgröße für FGL mit kleiner 5 % angesetzt werden muß, wird deutlich, daß ein homogener FGL-Formdorn für das Verfahren nicht geeignet ist.

Die Anzahl der radialen Krümmerabschnitte pro Krümmer beträgt durchschnittlich 3, wobei 90 % der Krümmerabschnitte einen Krümmungswinkel von kleiner 90 grad aufweisen. Durch die radialen Krümmerabschnitte werden sowohl erhöhte Reibungskräfte als auch Umformkräfte zum Richten des FGL-Formdornes beim Auf- und Abdornen hervorgerufen.

3.1.3 Toleranzen geformter Schläuche

Die für den Formgebungsprozeß in der Krümmerherstellung relevanten Fertigungstoleranzen umfassen Krümmungs- und Drehwinkel, Krümmerinnendurchmesser und -länge. Insbesondere Krümmungswinkel und Drehwinkel stellen für die unbekannte zyklische Stabilität von Formdornen aus Formgedächtnislegierungen, die im vorliegenden Fall einer schwellenden Biegebelastung unterzogen werden, wichtige Untersuchungskriterien dar. In Bild 3.4 sind die zulässigen und gemessenen Werte der Maß- und Winkeltoleranzen einander gegenübergestellt. Für die Winkeltoleranzen, die keiner Norm unterliegen, werden nach eigenen Untersuchungen in der Montage bis zu 20 grad sowohl für Krümmungswinkel als auch für Drehwinkel toleriert, da Verformungen aufgrund des Druckverformungsrestes infolge der Lagerung nicht ausgeschlossen werden können. Bei der Vermessung der Krümmer wurden Winkeltoleranzen von maximal 5 grad für den Krümmungs- und 16 grad für den Drehwinkel ermittelt.

Die Maßtoleranzen für Kühlwasserschläuche sind in DIN 73411 /35/ definiert. Der für Krümmerinnendurchmesser bis 25 mm festgelegte Toleranzbereich von 0,5 mm, der für die standardisierten Durchmessergruppen zwar in der Lage nicht aber im Betrag schwankt, wird in der Fertigung meist überschritten. Die Längentoleranz hat für den Formgebungsprozeß nur dann Bedeutung, wenn eine maßgerechte Fertigung erfolgt, was für die weitere Verfahrensentwicklung aber vernachlässigt wird, da dies nicht den bisherigen Stand der Technik verkörpert und davon ausgegangen wird, daß die geformten Schläuche nach der Vulkanisation geschnitten werden.

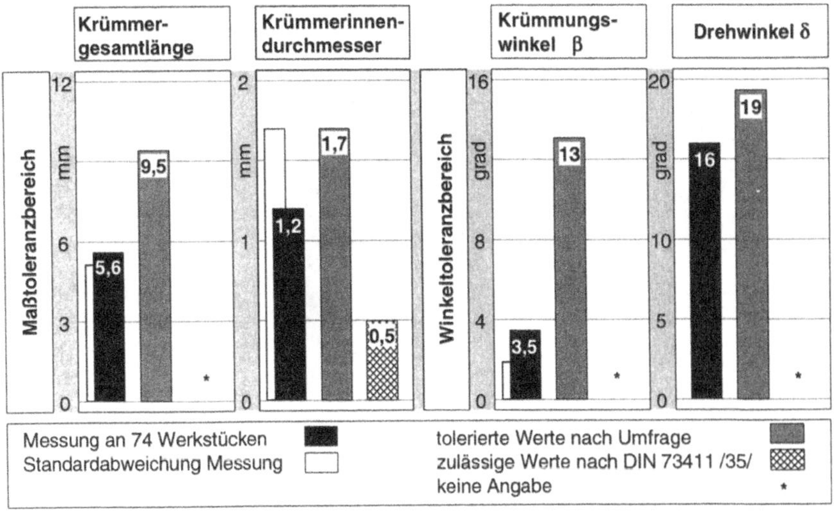

Bild 3.4: Durchmesser-, Längen- und Winkeltoleranz von Krümmern

3.1.4 Parameter der Fertigungsvorgänge

Die Analyse der Fertigung geformter Schläuche erfolgte bei vier Firmen. In Bild 3.5 sind die zum Zeitpunkt der Analyse gültigen Produkt- und Produktionsparameter zusammengestellt. Für die Krümmerherstellung ist der Aufbau des Rohschlauches von Bedeutung. So bestimmt die Werkstoffwahl mit dem Schubmodul die für die Formgebung notwendigen Verformungskräfte. Dies gilt ebenso für die Textileinlagen, deren Werkstoffparameter und Gewebestruktur die Formgebung beeinflussen. Immer häufiger werden Krümmer aus vorvulkanisierten Rohlingen hergestellt, was höhere Verformungskräfte bedingt und zu einem durch die Dornform zu korrigierenden Rückfederungsverhalten führt. Vorteilhaft bei diesem Verfahren ist die geringe Empfindlichkeit des Rohlings gegenüber Oberflächenbeschädigungen. Der Anteil von vorvulkanisierten Rohlingen beträgt derzeit 56 %.

Bei manuellen Auf- und Abdornvorgängen wurden Fügekräfte von 200...700 N gemessen. Da diese Kräfte krümmerspezifisch sind, gelten sie als Grundlage für das zu konzipierende Verfahren.

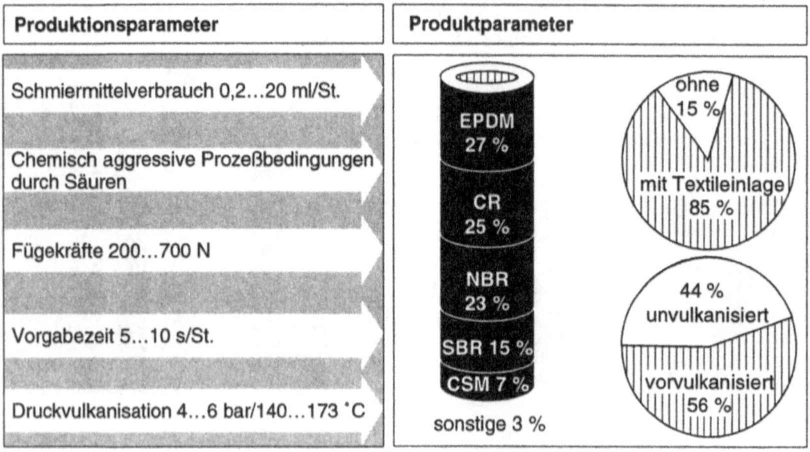

CR	Polychloropren-Kautschuk	NBR	Nitrilkautschuk
CSM	Chlorsulfoniertes Polyethylen	SBR	Styrol-Butadien-Kautschuk
EPDM	Ethylen-Propylen-Kautschuk		

Bild 3.5: Fertigungsparameter der Krümmerherstellung

3.1.5 Automatisierung der Herstellung geformter Schläuche

Im Rahmen der Umfrage Herstellung und Montage biegeschlaffer Teile wurde das Umfeld der Automatisierung in der Krümmerfertigung untersucht. In Bild 3.6 sind die Automatisierungsfaktoren, gegliedert nach Gründen und Hemmnissen einer Automatisierung nach Rangfolge sortiert zusammengestellt. Bei den Gründen für eine Automatisierung werden an erster Stelle wirtschaftliche Gründe genannt, wie Produktionskostensenkung und Qualitätssteigerung. Bei den Hemmnissen, die einer Automatisierung entgegenstehen, werden im organisatorischen Bereich kleine Losgrößen sowie hohe Typen- und Variantenvielfalt genannt, während im technischen Bereich die Probleme des biegeschlaffen Werkstoffcharakters, der komplexen Teilegeometrie und der Handhabung an erster Stelle stehen. Von der Gewichtung her haben die organisatorischen Hemmnisse eine größere Bedeutung, was die Wichtigkeit einer hohen Verfahrensflexibilität unterstreicht.

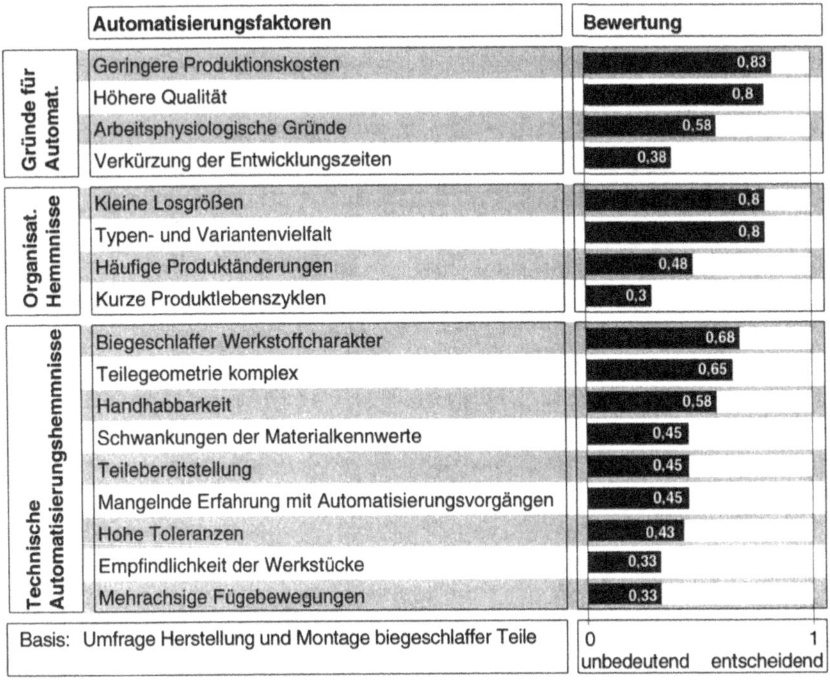

Bild 3.6: Umfeld der Automatisierung in der Krümmerherstellung

3.1.6 Auswahl eines geeigneten Legierungssystems für Formdorne

Der Formgedächtniseffekt konnte bisher in verschiedenen Legierungssystemen /36, 37/ gefunden werden. In der technischen Anwendung am weitesten verbreitet sind Nickel-Titan- und Kupferbasislegierungen wie CuZnAl oder CuAlNi. Die Eisenbasislegierungen, wie FeMnSi oder FeNiCoTi /38/, wurden in den 90er Jahren entdeckt, haben bisher aber noch keine Verbreitung gefunden. Andere Legierungssysteme stehen aufgrund von Materialverfügbarkeit, Kosten, Bearbeitungseigenschaften sowie ungenügender werkstoffwissenschaftlicher Untersuchung und dem daraus resultierenden Risiko im industriellen Einsatz nicht zur Verfügung. Die für FGL-Formdorne relevanten Auswahlparameter bei der Herstellung geformter Schläuche:

- Effektgröße,
- Langzeitstabilität,
- Bereich der Umwandlungstemperaturen,

3.2 Anforderungen an ein Verfahren zur automatischen Herstellung geformter Schläuche mit Formdornen aus Formgedächtnislegierung

3.2.1 Teilfunktionen der Herstellung geformter Schläuche

Ein System zur Krümmerherstellung wird definiert durch die Erfüllung der Funktionen Rohlingsherstellung, Formgebung und Formstabilisierung. Rohlingsherstellung und Formstabilisierung als verfahrenstechnische Prozesse entsprechen dem Stand der Technik und werden in der Arbeit nicht weiter betrachtet. Die Untersuchung des Prozesses der Formgebung und seine Aufgliederung in Teilfunktionen ist Ausgangsbasis für die Konzeption und Entwicklung /39/ von Teilsystemen zur Herstellung geformter Schläuche mit FGL-Formdornen.

Durch die Zuordnung und Zusammenfassung von Teilfunktionen zu Teilfunktionsträgern können die Teilsysteme zur Formgebung abgeleitet werden. Das Gesamtsystem umfaßt die Teilsysteme Bereitstellungssystem, Formgebungssystem, Fügesystem und Werkzeugspeicher.

3.2.2 Anforderungen an das Gesamtsystem

Die Grundanforderungen an das Gesamtsystem werden aus der Analyse abgeleitet. Sie gelten für alle am Füge- und Formgebungsprozeß beteiligten Systeme gleichermaßen. Bild 3.8 faßt die Grundanforderungen zusammen.

• Schaffung von Automatisierungsvoraussetzungen zur **• Handhabung und zum Fügen von Schläuchen** **• Formgebung vernetz- und aushärtbarer Schläuche**
• Reduzierung der Arbeitsbelastung in der Krümmerherstellung
• Qualitätssteigerung durch Prozeßsicherheit und -überwachung
• Produktflexibilität bezüglich Produktgeometrie und Werkstoff bei der Formgebung von **• Elastomeren Rohlingen** **• Vorvulkanisierten, elastomeren Rohlingen** **• Thermoplastischen Schläuchen**
• Hohe Funktionssicherheit und Verfügbarkeit
• Integration in ein CIM-Verbundsystem

Bild 3.8: Anforderungen an das Gesamtsystem zur automatisierten Krümmerherstellung

3.2.3 Anforderungen an die Teilsysteme

Die grundlegenden Anforderungen an das Gesamtsystem sind durch funktionsbezogene Anforderungen weiter zu ergänzen. Für die Konzeption und Entwicklung von Teilsystemen leiten sich aus beiden Anforderungskategorien die Pflichtenhefte ab.

Die Anforderungen an das Bereitstellungssystem für Rohling und Formdorn werden bestimmt durch deren mechanische und werkstofftechnische Eigenschaften.

- Vermeidung von Oberflächenbeschädigungen des Rohlings
- Vermeidung von Gefügeveränderungen der Formdorne
- Berücksichtigung des biegeschlaffen Verhaltens der Rohlinge

Für das System Werkzeugspeicher gelten ebenfalls die obengenannten Anforderungen, die durch Lagersysteme erfüllt werden können. Steuerungs-, Energie- und Datenübertragungssysteme weisen keine für die Krümmerherstellung spezifischen Anforderungen auf und entsprechen dem Stand der Technik /40/.

3.2.3.1 Anforderungen an das Formgebungssystem

Der Formdorn oder das Formgebungssystem hat die Hauptanforderungen der Formgebung gemäß Bild 3.9 zu erfüllen.

- **Ausreichende Arbeitsleistung zur Verformung von Rohlingen**
- **Hohe Toleranzstabilität bei zyklischer Beanspruchung und Werkzeugstandfestigkeit (Belastungswechsel > 10.000)**
- **Formdorn aus NiTi-Basislegierung**
- **Arbeitstemperatur Werkzeug < kritische Martensittemperatur T_{MD}(~200 °C für NiTiX)**
- **Spezifisches Arbeitsvermögen > maximale Biegearbeit**
- **1,2 (Austenit-finish-Temperatur T_{AF}) < untere Vulkanisationstemperatur T_{VU}**
- **Schnelle Erwärmbarkeit des Formdornes auf 100 °C < 5 min**
- **Korrosionsbeständigkeit des Formdornes gegen Säuren**
- **Einfache Herstellbarkeit von dreidimensionalen Formdornen**
- **Einhaltung des Toleranzbereiches der Krümmerinnendurchmesser < 0,5 mm**
- **Gewährleistung konstanter Querschnittsflächen der Krümmer über die Krümmergesamtlänge**
- **Minimierung der Reibung zwischen Formdorn und Rohling bzw. Krümmer**
- **Hohe Oberflächengüte der Krümmerinnenseite**
- **Geringes Lagervolumen der Formdorne**
- **Schnelle Werkzeugherstellung < 5 Tage**

Bild 3.9: Anforderungen an das Formgebungssystem

Insbesondere durch die Einhaltung werkstofftechnischer Randbedingungen werden die wichtigsten Anforderungen festgelegt. Für die Erwärmung der Formdorne während des Vulkanisationsvorgangs gilt, daß die kritische Martensittemperatur, oberhalb der kein spannungsinduzierter Martensit mehr auftritt, nicht überschritten werden darf, um die Zerstörung der eingeprägten Form zu verhindern. Sie beträgt bei NiTi-Legierungen etwa 200°C. Die Austenit-finish-Temperatur muß zur Formgebung dagegen überschritten werden, so daß der Anteil an Restmartensit, der aufgrund des in der Realität unscharfen Phasenübergangs nach Überschreiten der Hysteresetemperaturen noch existiert, gering gehalten wird, da sonst bei wachsenden Lastspielzahlen mit einem Ansteigen des Gedächtnisschwundes ε_a zu rechnen ist.

Die gleiche Anforderung besteht in der Richtphase, in der die mechanische Umformung stattfindet. Hier sollte die Martensit-finish-Temperatur um mindestens 20 K unterschritten werden, da die Umformung von Restaustenit ebenfalls ein Ansteigen des Gedächtnisschwundes zur Folge hat.

3.2.3.2 Anforderungen an das Fügesystem

Die Anforderungen an das Fügesystem sind gekennzeichnet durch die Fügefunktionen des Auf- und Abdornens. Das Fügesystem muß hohe Kräfte aufbringen und diese unter geeigneten Bedingungen in die Fügepartner einleiten, ohne daß Beschädigungen von Formdorn bzw. Rohling oder Krümmer auftreten. Eine der wichtigsten Anforderungen an das Fügesystem ist eine ausreichende Variantenflexibilität. In Bild 3.10 sind die Anforderungen an das Fügesystem zusammengefaßt.

• Integration der Fügefunktionen Auf- und Abdornen
• Variantenflexibilität bis 1.000 Varianten
• Krümmerinnendurchmesser 6 ... 25 mm
• Kümmergesamtlänge < 600 mm
• Minimale Losgrößen 1 ... 10
• Fügekräfte bis 1.000 N
• Kurze Taktzeiten < 10 s
• Ausgleich von Toleranzen der Fügepartner
• Hohe Fügesicherheit
• Verminderung des umweltbelastenden Gleitmitteleinsatzes
• Überwachung des Fügeprozesses
• Reduzierung der Fügekräfte durch dosierbaren Gleitmitteleinsatz

Bild 3.10: Anforderungen an das Fügesystem

Die Herstellung von Krümmern mit FGL-Formdornen wird, wie in Bild 4.1 gezeigt, in fünf Phasen unterteilt, wobei die Formausbildungs- sowie die Richtphase den Formgebungsprozeß und die Auf- sowie die Abdornphase den Fügeprozeß bestimmen.

	Aufdorn-phase	**Formausbil-dungsphase**	**Formstabili-sierungsph.**	**Richtphase**	**Abdornphase**
Prozeßschritt	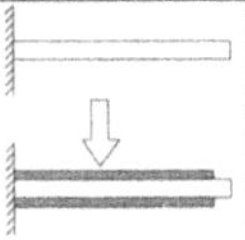 Rohling aufziehen	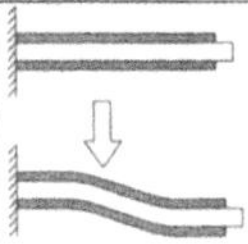 Verformung durch thermoelastische Umformung	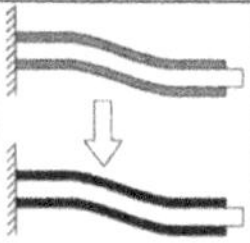 Vulkanisation	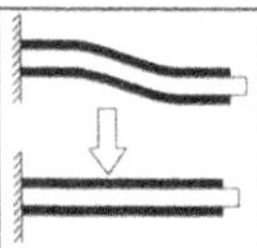 Verformung durch mechanische Umformung	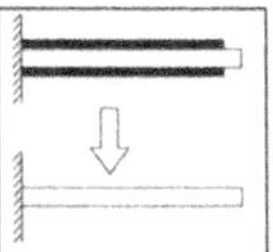 Rohling abziehen
Gefüge bei freiem Formgedächtnis	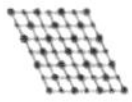 Martensit	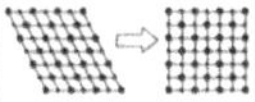 Martensit ⇨ Austenit	 Austenit	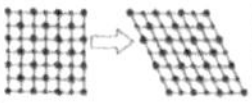 Austenit ⇨ Martensit	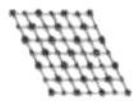 Martensit
ε/T-Diagramm bei freiem Formgedächtnis	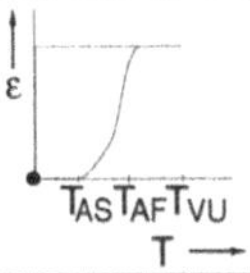	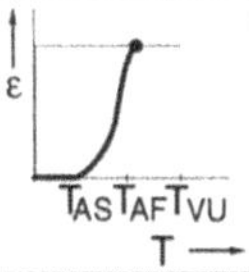	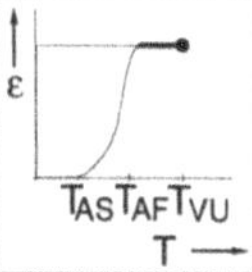	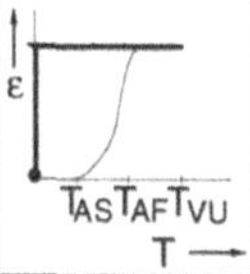	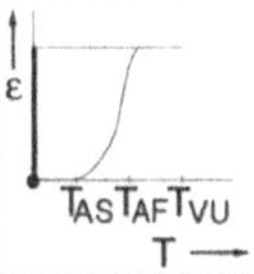
Gefüge bei Superelastizitätseffekt	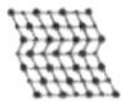 spannungsinduzierter Martensit	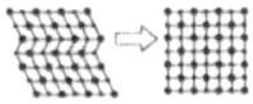 spannungsinduzierter Martensit ⇨ Austenit	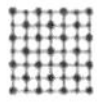 Austenit	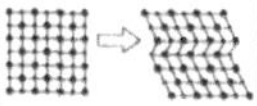 Austenit ⇨ spannungsinduzierter Martensit	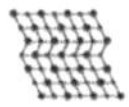 spannungsinduzierter Martensit
Prozeßparameter	μ d/D_i G_{Elast}	σ_{NFGL} T_{FGL}, T_{VU} $\dot{T}_D$ G_{Elast}	p,T Vulkanisationssystem	E_{FGL} T_{FGL} d, R	μ, d/D_i G_{Elast}

μ	Reibungskoeffizient	p, T	physikalische Vulkanisationskonstanten (Druck, Temperatur)
d/D_i	Pressungsverhältnis	T_{FGL}	charakteristische FGL-Sprungtemperatur
G_{Elast}	Schubmodul Elastomer	$\dot{T}_D$	Erwärmungsgeschwindigkeit Formdorn
E_{FGL}	E-Modul FGL	T_{VU}	untere Vulkanisationstemperatur
σ_{NFGL}	Nutzspannung FGL		
d, R	Krümmergeometrieparameter		

Bild 4.1: Phasen des Formgebungsprozesses in der Krümmerherstellung

4.1 Theorie des Formgebungsprozesses

Die Vorgänge der Phasenumwandlung von Formgedächtnislegierungen und der resultierenden Effekte bilden die Grundlage zur Formgebung von Krümmern mit Formdornen. Auf der Basis des Einwegeffektes wird bei der thermoelastischen Umwandlung von Martensit in Austenit (Bild 4.1) die für die Formausbildung benötigte Umwandlungsenergie beim Phasenübergang frei. Die Phasenumwandlung findet im idealisierten Fall sprunghaft mit dem Überschreiten der Sprungtemperatur Austenit-start T_{AS} statt. Die bei diesem Vorgang freigesetzte Energie hängt ab von der Legierungszusammensetzung, der umformtechnischen und thermischen Vorbehandlung der verwendeten Halbzeuge, den im System wirksamen Spannungen und Temperaturen sowie der Zahl der Belastungswechsel.

Bei der Ausnutzung des superelastischen Effektes von Formgedächtnislegierungen befinden sich die Formdorne, wie in Bild 4.1 dargestellt, bei Raumtemperatur in der austenitischen Phase und nehmen ihre konstruktiv vorgegebene, nichtlineare Form ein. In der Aufdorn- und Abdornphase werden diese zur Wiederherstellung der linearen Form durch die Einleitung von Umformkräften gerade gerichtet. Dabei entsteht in den umgeformten Bereichen spannungsinduzierter, entzwillingter Martensit, der nach Rücknahme der Belastung wieder in ein austenitisches Gefüge übergeht, wobei die Ausgangsform gleichzeitig wiederhergestellt wird.

Für die ausgewählte Gruppe der NiTi-Legierungen wird bei /19/ ein Arbeitsvermögen W_{FGL} pro Masseneinheit von maximal 4 J/g angegeben. Im Arbeitsbereich der Legierung mit geringem Gedächtnisschwund ($\varepsilon_a \approx 0$) kann ein massenspezifisches Arbeitsvermögen von 1 J/g angesetzt werden. Über den Energieerhaltungssatz kann mit Hilfe von Gleichung 4.1

$$\oint \sigma d\varepsilon + \oint \tau d\gamma = W_{FGL} \tag{4.1}$$

die rechnerische Auslegung von Bauteilen erfolgen.

Bei Biegebelastung gilt Gleichung 4.2 zur Bestimmung der Bauteildimensionen unter der Annahme, daß ein spannungsfreier Zustand nach der Formstabilisierungsphase erreicht wird. Dabei wird die zu leistende Biegearbeit /41/ aus dem Biegemoment M_b und dem Biegewinkel β dem Arbeitsvermögen der Formgedächtnislegierung gleichgesetzt.

$$\int_0^{\varepsilon_p} \sigma d\varepsilon = W_{FGL} = 2\int_0^{\beta} M_b d\beta \tag{4.2}$$

Ein vereinfachter Ansatz zur Festigkeitsrechnung ergibt sich durch Gleichsetzen der Biegespannung σ_b und der bei hohen Belastungszykluszahlen stabilen Nutzspannung σ_{NFGL}. Beide oben genannten Ansätze führen nach mehreren Umformschritten zum gleichen Ergebnis. Bei /21/ wird für die Nutzspannung bei NiTi-Legierungen ein Wert von 130 N/mm² sowie für die nutzbare Torsionsspannung ein Wert von 100 N/mm² angegeben.

In der nachfolgenden Festigkeitsrechnung wird von Randbedingungen (Bild 4.2) ausgegangen, die bei den vorliegenden Fertigungsbedingungen die maximal auftretende Belastung berücksichtigen:

- Formdorn ist horizontal eingespannt und liegt in gerader, gestreckter Form vor,
- Größte Formdorndehnung ε_{max} bzw. Formdornschiebung γ_{max} tritt im Bereich der Einspannstelle auf,
- Verdrehungen des Formdornes gelten nur in geraden Krümmerabschnitten,
- Formdorn und Rohling werden als starr verbunden angenommen und
- Zur Festigkeitsrechnung wird für den elastischen Werkstoff von einem temperaturunabhängigen, konstanten E-Modul ausgegangen.

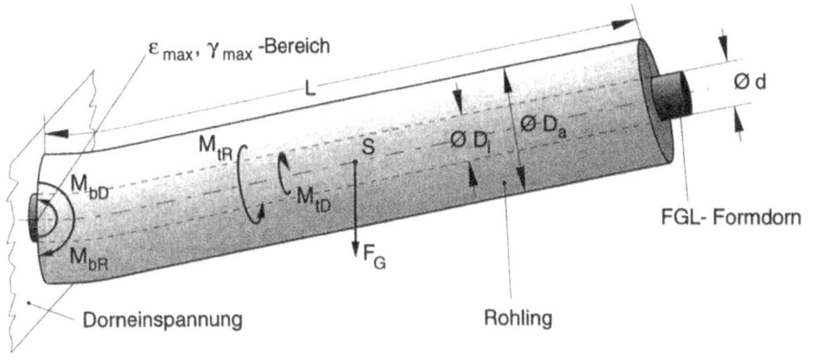

d	Dorndurchmesser	M_{bD}	Biegemoment des Formdornes durch Formgedächtniseffekt
D_a	Krümmeraußendurchmesser		
D_i	Krümmerinnendurchmesser	M_{bR}	Biegemoment des Rohlings
F_G	Gewichtskraft	M_{tD}	Torsionsmoment Formdorn
L	Krümmergesamtlänge	M_{tR}	Torsionsmoment Rohling
S	Schwerpunkt		

Bild 4.2: Kräfte- und Momentengleichgewicht

Bei Erwärmung der Anordnung nach Bild 4.2 über die Temperatur T_{AS} beginnt sich der als gerade angenommene FGL-Formdorn unter dem aus der Gefügeumwandlung resultierenden Biegemoment M_{bD} zu verformen. Dem wirken die im Schwerpunkt S angesetzte Gewichtskraft F_G der Anordnung und das Biegemoment des Schlauches M_{bR} entgegen. Im Grenzfall gilt statisch betrachtet das Momentengleichgewicht:

$$M_{bD} = M_{bR} + M_{bG}, \qquad M_{bD} = M_{bR} + F_G \cdot \frac{L}{2} \tag{4.3}$$

Für die Biegemomente gilt:

$$M_{bD} = \sigma_{bD} \cdot W_{bD}, \qquad M_{bR} = \sigma_{bR} \cdot W_{bR} \tag{4.4}$$

mit den Widerstandsmomenten für den Formdorn W_{bD} (kreisförmiger Querschnitt) und den Rohling W_{bR} (ringförmiger Querschnitt):

$$W_{bD} = \frac{\pi}{32} \cdot d^3, \qquad W_{bR} = \frac{\pi}{32} \cdot \left(\frac{D_a^{\,4} - d^4}{D_a} \right) \tag{4.5}$$

Für die Biegespannung des Dorns σ_{bD} wird die für die Legierung spezifische Nutzspannung σ_{NFGL} eingesetzt. Die Biegespannung des Rohlings σ_{bR} unter der vereinfachenden Annahme eines konstanten E-Moduls /42/ beträgt an der Innenseite:

$$\sigma_{bR} = E_{Elast} \cdot \varepsilon_R \tag{4.6}$$

Die Masse von Formdorn und Rohling beträgt:

$$m = m_D + m_R = \left(\rho_{FGL} \cdot \frac{\pi \cdot d^2}{4} + \rho_{Elast} \cdot \frac{\pi \cdot \left(D_a^{\,2} - d^2\right)}{4} \right) \cdot L \tag{4.7}$$

Die Gln. 4.4...4.7 in Gl. 4.3 eingesetzt, liefern für den FGL-Formdorndurchmesser d in Abhängigkeit der Rohlingsverformung ε_R an der Innenfaser die Beziehung:

$$d^3 = \frac{E_{Elast} \cdot \varepsilon_R}{\sigma_{NFGL}} \cdot \left(\frac{D_a^{\,4} - d^4}{D_a} \right) + \frac{4 \cdot g \cdot L^2}{\sigma_{NFGL}} \cdot \left(\left(\rho_{FGL} - \rho_{Elast} \right) \cdot d^2 + \rho_{Elast} \cdot D_a^{\,2} \right) \tag{4.8}$$

Nach Einsetzen der Werkstoffparameter für NiTi in Gl. 4.8 kann der für die Formgebung von Rohlingen notwendige FGL-Formdorndurchmesser d_{min} in Abhängigkeit des Rohlingsaußendurchmessers D_a und der Länge L mit Hilfe des Newtonschen Näherungsverfahrens ermittelt werden. Die in Bild 4.3 dargestellte Fläche zeigt, daß die Abhängigkeit des notwendigen Formdorndurchmessers von der Länge des ausgespannten Krümmerabschnittes im Bereich üblicher Krümmergeometrien nur geringfügig beeinflußt wird. Der in Gl. 4.8 vorkommende Term, der die Länge L beinhaltet, kann daher in der Auslegungsrechnung vernachlässigt werden. Für die Beziehung zwischen dem notwendigen Formdorndurchmesser und dem Rohlingsaußendurchmesser ergibt sich ein annähernd linearer Zusammenhang.

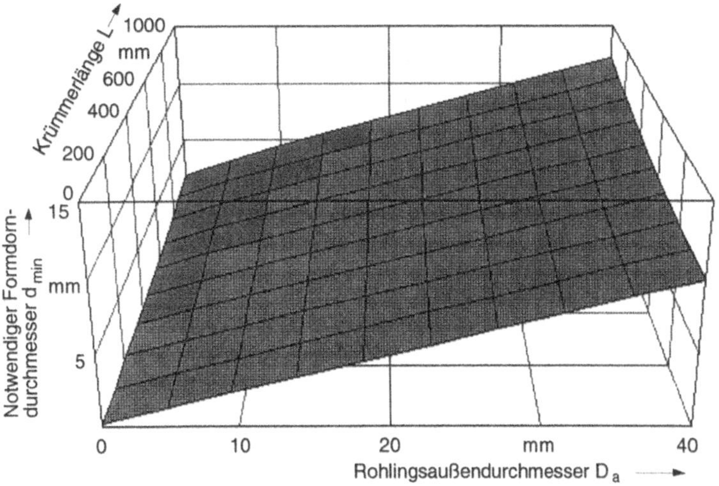

σ_{NFGL} = 130 N/mm²	ρ_{FGL} = 6,45 g/cm³	E_{Elast} = 10 N/mm²	ρ_{Elast} = 1,30 g/cm³
ε_R Dehnung des Rohlings an der Innenfaser = 20 %			

Bild 4.3: Notwendiger Formdorndurchmesser bei Biegebelastung

Analog zur Bestimmung des notwendigen Formdorndurchmessers aufgrund der Biegebelastung wird dieser für Torsionsbelastungen bestimmt, die in den geraden Krümmerabschnitten wirksam sind. Eine Überlagerung beider Belastungen tritt aufgrund der Krümmergestaltung nicht auf, da die für den Drehwinkel notwendigen Schiebungen ausschließlich in den geraden Krümmerabschnitten auftreten. Für die Bestimmung des notwendigen Formdorndurchmessers wird für den Grenzfall das durch die nutzbare Torsionsspannung τ_{NFGL} verfügbare Torsionsmoment M_{tD} (Bild 4.2) dem durch den elastomeren Hohlzylinder entgegenwirkenden Moment M_{tR} und dem durch die Gewichtskraft von Rohling und Formdorn bestimmten Torsionsmoment M_{tG} gleichgesetzt. Dabei ergibt sich das Torsionsmoment M_{tG} durch die im Schwerpunkt S wirksame Gewichtskraft F_G mit der durch den Schwerpunktabstand definierten Hebellänge.

$$M_{tD} = M_{tR} + M_{tG}, \qquad M_{tD} = M_{tR} + F_G \cdot \frac{L}{2} \tag{4.9}$$

Für die Torsionsmomente gilt:

$$M_{tD} = \tau_{tD} \cdot W_{tD}, \qquad M_{tR} = \tau_{tR} \cdot W_{tR} \tag{4.10}$$

Mit den Widerstandsmomenten des Formdorns W_{tD} (kreisförmiger Querschnitt) und des Rohlings W_{tR} (ringförmiger Querschnitt):

$$W_{tD} = \frac{\pi}{16} \cdot d^3, \qquad W_{tR} = \frac{\pi}{16} \cdot \left(\frac{D_a^4 - d^4}{D_a} \right) \tag{4.11}$$

und Gl. 4.7 zur Bestimmung der Masse von Formdorn und Rohling sowie Gl. 4.12 zur Bestimmung der Torsionspannung an der Rohlinginnenseite:

$$\tau_{tR} = G_{Elast} \cdot \gamma_R \tag{4.12}$$

ergibt sich mit den Gln. 4.7, 4.9...4.12:

$$d^3 = \frac{G_{Elast} \cdot \gamma_R}{\tau_{NFGL}} \cdot \left(\frac{D_a^4 - d^4}{D_a} \right) + \frac{2 \cdot g \cdot L^2}{\tau_{NFGL}} \cdot \left(\left(\rho_{FGL} - \rho_{Elast} \right) \cdot d^2 + \rho_{Elast} \cdot D_a^2 \right) \tag{4.13}$$

Gl. 4.13 als Bestimmungsgleichung für den Zusammenhang (Bild 4.4) zwischen Außendurchmesser des Rohlings, dem notwendigen Formdorndurchmesser d_{min} und der Krümmerlänge L. Dabei gelten aufgrund der Ähnlichkeit zwischen Gl. 4.8 und Gl. 4.13 die gleichen charakteristischen Zusammenhänge für die drei Variablen wie im Biegebelastungsfall, so daß auch im Fall der Torsionsbelastung die Abhängigkeit der Durchmesser von der Krümmerlänge vernachlässigt werden kann.

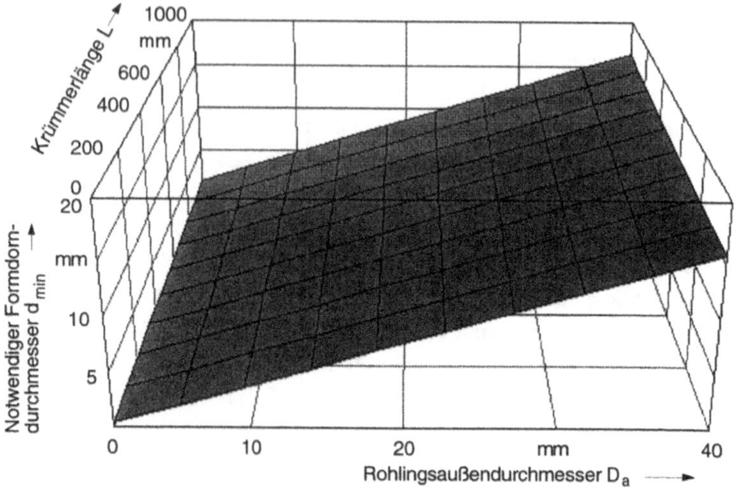

τ_{NFGL} = 100 N/mm²	ρ_{FGL} = 6,45 g/cm³	G_{Elast} = 20 N/mm²	ρ_{Elast} = 1,30 g/cm³
γ_R Schiebung des Rohlings an der Innenfaser = 20 %			

Bild 4.4: Notwendiger Formdorndurchmesser bei Torsionsbelastung

4.2 Theorie des Fügeprozesses

Der Fügeprozeß mit Aufdorn- und Abdornphase (Bild 4.1) kann dargestellt werden durch das Ineinanderschieben von Voll- und Hohlzylinder sowie dem umgekehrten Vorgang. Die in den einzelnen Phasen des Fügeprozesses (Bild 4.5) wirksamen Fügekräfte sind zurückzuführen auf

- Gleit- und Haftreibungskräfte,
- Scherkräfte,
- Eulersche Reibkräfte und
- Umformkräfte.

Gleit-, Haftreibungs- und Scherkräfte bestimmen maßgeblich die Aufdornkraft F_{auf} und Abdornkraft F_{ab} durch ihre tangentialen Wirkrichtungen. Die Gleit- und Haftreibungskräfte (Bild 4.5) ergeben sich durch die aus der Flächenpressung der Fügepartner resultierenden Normalkräfte. Die Scherkräfte werden beeinflußt durch die Fügegeschwindigkeit der beiden Fügepartner und durch die Viskosität des Dorntrenn- und Gleitmittels.

In Abhängigkeit von Fügegeschwindigkeit, Dicke des Schmierfilms und der Ausprägung der Krümmungsbereiche werden die Aufdorn- und Abdornkräfte sowohl durch Festkörperreibung als auch durch viskose Scherkräfte bestimmt. In Rohlings- oder Krümmerabschnitten mit inhomogener Spannungsverteilung, wie beispielsweise in den Krümmungen des Dornes, kommt es zu einer unterschiedlich starken Ausbildung des Schmierfilms, der in Bereichen mit hoher radialer Zugspannung abreißen kann. Dies gilt auch, wenn die eingebrachte Schmierfilmmenge nicht zur vollständigen Benetzung der Oberfläche ausreicht. In diesen Bereichen ist Festkörperreibung für die Fügekräfte verantwortlich, während in den Bereichen mit ausreichender Schmierfilmstärke Scherkräfte wirksam sind. Aufgrund des sich während des Fügeprozesses ständig ändernden Traganteils des Schmierfilms ψ, bedingt durch Schmiermittelmenge und Krümmergeometrie, können die auftretenden Kräfte nur abgeschätzt werden.

Für kleine Fügegeschwindigkeiten v_F ($v_F \approx 0$) kann die reine Festkörperreibkraft F_{FR}, abhängig von Krümmerlänge und Gleit- bzw. Haftreibungskoeffizient, als obere Grenze angesetzt werden. Bei höheren Fügegeschwindigkeiten kommt es zu einer Reduzierung des Anteils der Festkörperreibkraft bei gleichzeitigem Anwachsen der viskosen Scherkräfte F_S entsprechend dem Schmierfilmtraganteil ψ nach Gl. 4.14.

$$F_{auf}, F_{ab} = (1-\psi) \cdot F_{FR} + \psi \cdot F_S \qquad (4.14)$$

Abhängig von der Ausbildung der Krümmungen sind Eulersche Reibkräfte wirksam, die über die sich relativ zueinander bewegenden Fügepartner eingeleitet werden. Der Eulersche Reibkraftanteil addiert sich zu den Gleit- und Haftreibungs- sowie den Scherkräften.

Festkörperreibkräfte

$$dF_{FR} = \mu \cdot \pi \cdot p \cdot d \cdot dx \qquad \text{mit } p = \frac{d - D_i}{d \cdot C} \cdot E_{Elast}$$

$$F_{FR} = \frac{\mu \cdot \pi \cdot E_{Elast}}{C} \int_0^L (d - D_i)\,dx \qquad \text{mit } C = \frac{1 + \left(\frac{D_i}{D_a}\right)^2}{1 - \left(\frac{D_i}{D_a}\right)^2} + \upsilon_{Elast}$$

$$F_{FR} = \frac{\mu \cdot \pi \cdot E_{Elast}}{C} \cdot l_F \qquad \text{mit } \upsilon_{Elast} = 0{,}5$$

Adhäsionskräfte

$$\tau = \eta \cdot \frac{dv}{dz}$$ für Newton'sche Flüssigkeit bei laminarer Strömung

$$F_S = \tau \cdot A = \eta \cdot \frac{v}{z} \cdot \pi \cdot d \cdot L \qquad \text{mit } z = \frac{p_i \cdot d \cdot C}{2 \cdot E_{Elast}}$$

Eulersche Reibkräfte

$$F_{RE} = \left(e^{\mu \cdot \varphi} - 1\right) \cdot F_{ab}$$

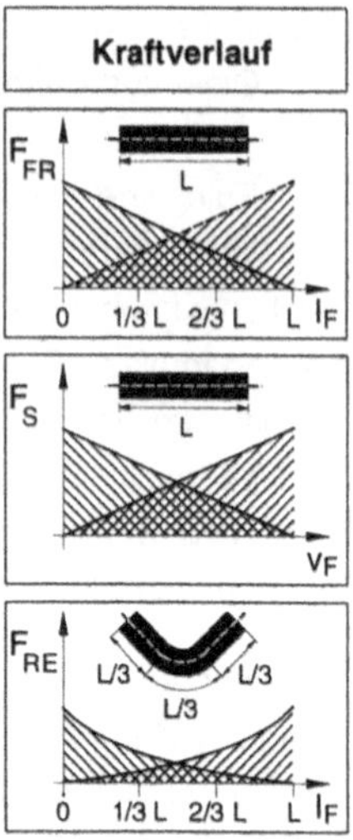

F_{FR}	Festkörperreibkraft	ν_{Elast}	Querkontraktionszahl Elastomer
F_S	Scherkraft	η	Viskosität
F_{RE}	Eulersche Reibkraft	p_i	Druck in Flüssigkeit
E_{Elast}	Elastizitätsmodul Elastomer	φ	Umschlingungswinkel
l_F	Fügeweglänge	//////	Aufdornkraftverlauf
v_F	Fügegeschwingigkeit	\\\\\\	Abdornkraftverlauf

Reibkoeffizienten Stahl - Elastomer trocken: $\mu_h = 0{,}8$ $\mu_{gl} = 0{,}7$ geschmiert: $\mu_h = 0{,}2$ $\mu_{gl} = 0{,}1$

Bild 4.5: Kraftkomponenten des Fügevorgangs in der Krümmerherstellung

Als Normalkräfte auf Krümmer und Formdorn treten im Fügeprozeß Umformkräfte auf, die im Fall einer passiven Umformung durch axiale Kräfte, im Fall einer aktiven Umformung durch Normalkräfte zur Krümmerachse erzeugt werden.

Bei der Konzeption der Auf- und Abdornvorgänge sind für den Rohling die möglichen Versagensfälle durch Knicken und Beulen in Betracht zu ziehen. Daher ist die Einspannung des Rohlings zur Übertragung der Aufdornkräfte für die Gestaltung des Fügesystems von Bedeutung.

5 Konzeption der Teilsysteme des Formgebungs- und Fügeprozesses

5.1 Randbedingungen der Systemkonzeption

Die Herstellung geformter Schläuche wird durch produkt-, prozeß- und werkstoffspezifische Einflußparameter charakterisiert. In Bild 5.1 sind die wichtigsten Parameter zusammengefaßt. Insbesondere die werkstoffspezifischen Parameter der Formgedächtnislegierung beeinflussen die Konzeption der Teilsysteme und sind daher besonders zu berücksichtigen.

Produktbezogene Einflußparameter	**Prozeßbezogene Einflußparameter**	**FGL-bezogene Einflußparameter**	**sonstige Einflußparameter**
• Durchmesser • Krümmungen • Rohlingsaufbau • Oberflächen-empfindlichkeit • Steifigkeit Krümmer durch Werkstoff und Grad der Vorver-netzung	• Erwärmung • Druck, Temperatur • Fügege-schwindigkeit • Fügekräfte • Einspannung • Korrosion	• Effekttemperaturen • Dauerfestigkeit • Dehnungsgrenze • Nutzspannung, Arbeitsvermögen • Wiederhol-genauigkeit	• Schmiermittel • Ablagerungen

Bild 5.1: Einflußparameter auf die Herstellung geformter Schläuche mit FGL-Formdornen

5.2 Konzeption Formgebungssystem

5.2.1 Wirkungsmechanismus Werkstoffsystem

Die Formgebung mit FGL-Formdornen ist charakterisiert durch das Prinzip der Reduzierung der drei Freiheitsgrade eines Formdornes (l_n, β_n, δ_n) auf den Freiheitsgrad (l_n) und der sich daran anschließenden Umkehrung. Mit einer NiTi-Formgedächtnislegierung, wie sie aufgrund der Prozeßanforderungen in der Analyse ausgewählt wurde, kann dieses Prinzip gemäß Bild 5.2 auf der Basis von drei unterschiedlichen Effekten verwirklicht werden.

Effektart / Kriterien	Einwegeffekt	Zweiwegeffekt	Superelastizität
	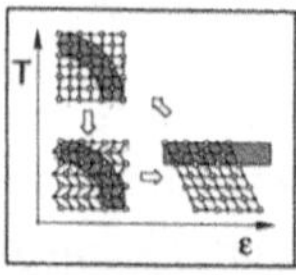	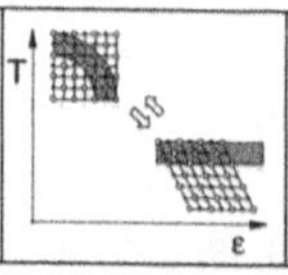	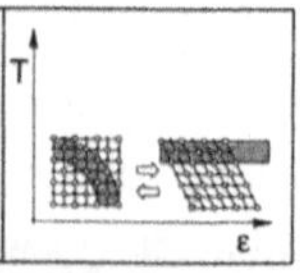
Effektgröße	4 %	2 %	4 %
Arbeitsvermögen	●	○	●
Langzeitstabilität	◑	○	●
Rohlings- und Krümmerbelastung	◑	◑	●
Empfindlichkeit gegenüber Rückstellkräften	○	◑	○
Anpassungsaufwand an gef. Verformung	◑	●	○

T Temperatur ε Dehnung ● hoch ◑ mittel ○ niedrig

Bild 5.2: Wirkungsmechanismus des Werkstoffsystems zur Realisierung der zyklischen Formgebung

Der Einweg- sowie der Superelastizitätseffekt setzen zur Erlangung eines geraden Formdornzustands im Zusammenhang mit den Fügevorgängen eine Umformung voraus. Beim Superelastizitätseffekt wirken aufgrund des austenitischen Zustands in den Umformbereichen hohe Kräfte, die über den Rohling oder Krümmer in den Formdorn eingeleitet werden müssen. Aufgrund der 4...5-mal niedrigeren Festigkeit des Martensits gegenüber dem Austenit ist der Einwegeffekt für den Formgebungsprozeß geformter Schläuche günstiger, da die Beschädigungsgefahr der druckempfindlichen Schlauchoberfläche durch Krafteinwirkung auf die Oberfläche hier wesentlich geringer ist. Bei Einsatz des Zweiwegeffektes entfallen aktive Umformprozesse, da durch das reversible Verformungsverhalten die zwei Dornformen in Abhängigkeit von der Prozeßtemperatur stabil eingenommen werden. Nachteil des Zweiwegeffektes ist die geringe Effektgröße sowie die Tatsache, daß das Arbeitsvermögen zur Umformung vom Hoch- in den Niedertemperaturbereich gering ist. Für die weitere Entwicklung des Formgebungssystems wird daher unter Berücksichtigung der Randbedingungen der Krümmerherstellung aus den oben genannten Gründen der Wirkungsmechanismus des Einwegeffektes zugrundegelegt.

5.2.2 Formdorn

Abgeleitet aus den Anforderungen der Formgebung sind in Bild 5.3 diverse Lösungskonzepte für Formdornsysteme zusammengestellt, die mit Hilfe von Systemnutzwerten miteinander verglichen werden. Die Konzepte ergeben sich aus der Variation der Funktionsträger in unterschiedlichen Anordnungs- und Ausführungsvarianten bzw. geometrischen Ausprägungen.

Der Volldorn füllt den gesamten Querschnitt des Krümmerinnendurchmessers aus und erreicht damit einen hohen Leistungsgrad. Große Innendurchmesser bedingen bei diesem Konzept den Einsatz hoher Materialmengen, so daß das Volldornkonzept neben der durch den hohen Formdorndurchmesser begrenzten Krümmungsfähigkeit auch aufgrund der Materialkosten Nachteile beinhaltet.

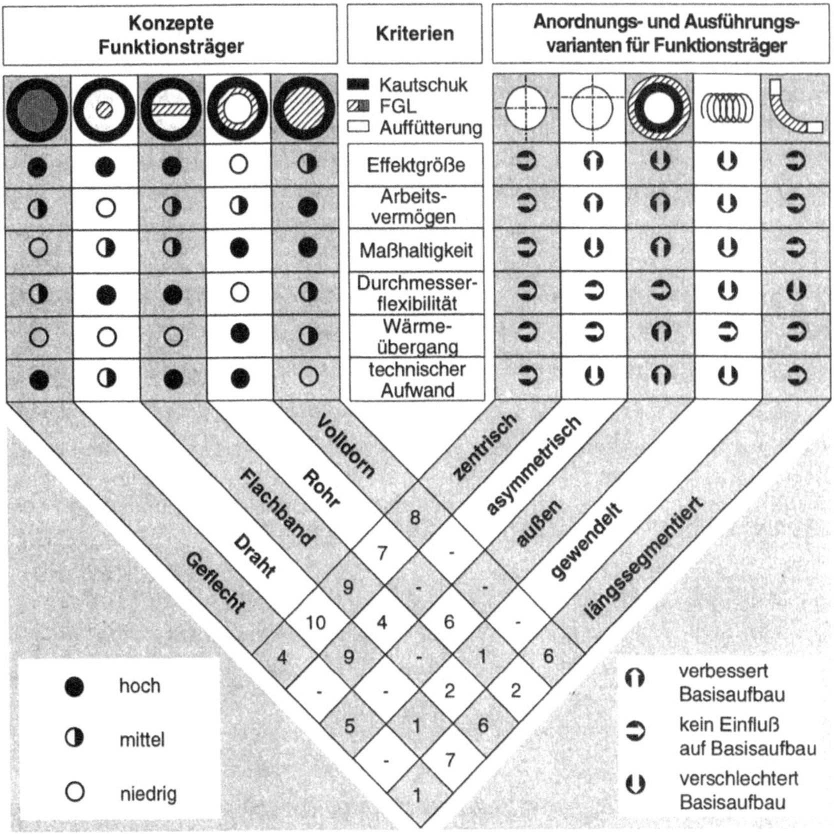

Bild 5.3: Lösungskonzepte und Systemnutzwerte der Formdornsysteme

Der Innenrohrdorn weist im Vergleich zum Volldorn ein günstigeres Leistungsgewicht und damit ein wesentlich niedrigeres Materialvolumen auf. Der Außenrohrdorn besitzt gegenüber dem Innenrohrdorn bzw. dem Volldorn eine geringere Krümmungsfähigkeit, da seine die Dehnung bestimmende Außenfaser einen größeren Abstand von der Symmetrieachse hat. Vorteilhaft erweist sich das Konzept zur Aufnahme hoher Verformungskräfte, wie sie beim Superelastizitätseffekt auftreten. Da diese in den Dorn eingeleitet werden, entsteht keine direkte Belastung des Krümmers.

Die aus mehreren Komponenten bestehenden Dornsysteme basieren auf einem kombinierten Verbundaufbau von Funktionselementen und Ausgleichskomponenten. Der Runddrahtverbunddorn weist einen symmetrischen Aufbau auf, während der Flachbandverbunddorn eine für Biegebelastungen vorteilhafte rechteckige Querschnittsform besitzt. Beide Dornformen sind durch eine sehr hohe Krümmungsfähigkeit gekennzeichnet und stellen damit die zu favorisierenden Dornausführungsformen dar. Das Prinzip des Flachbandverbunddornes setzt die Verschränkung des Formdornes bei Änderungen der Krümmungsebene voraus. Ausführungsvarianten des Verbunddornes sind der gewendelte oder der asymmetrische Formdorn. Beim Matrixdorn handelt es sich um einen Verbund von Funktionselementen, beispielsweise in Form eines Gewebes, die in einer elastischen, die Funktionselemente verbindenden Matrix eingebettet sind.

5.2.3 Formdornerwärmung

Die verfahrenstechnische Machbarkeit der Krümmerherstellung mit FGL-Formdornen setzt die Einhaltung der durch die Vulkanisationstechnik vorgegebenen Arbeitstemperaturbereiche für Formdorne voraus. Dabei bestimmt das Vulkanisationssystem die Vernetzungsgeschwindigkeit des Elastomers und somit die Zeitdauer bis zum kritischen Vernetzungsgrad, oberhalb dessen keine Verformung mehr stattfinden darf. Durch die Formdornerwärmung muß sichergestellt sein, daß der FGL-Funktionsträger des Formdorns seine Effekttemperatur zu diesem Zeitpunkt überschritten hat. Zur Einhaltung dieser Bedingung wurden die in Bild 5.4 dargestellten Systeme zur Formdornerwärmung konzipiert, wobei der Einsatz des Superelastizitätseffektes aufgrund der spannungsinduzierten Verformung keine Erwärmung des Formdornes erfordert. Die Notwendigkeit von Maßnahmen zur Einleitung von Wärme muß rechnerisch oder experimentell überprüft werden.

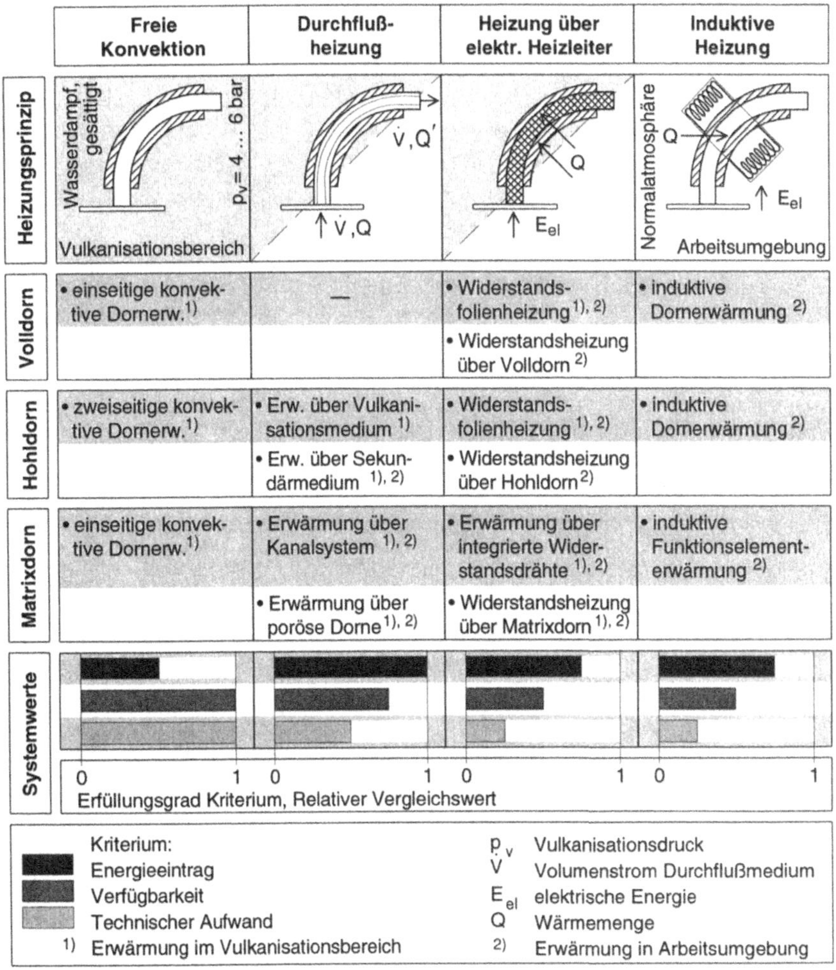

Bild 5.4: Konzepte zur Formdornerwärmung

Grundsätzlich kann zwischen einer Erwärmung durch freie Konvektion in der Vulkanisationsatmosphäre und einer Erwärmung durch gezielte Einleitung von Energie in den Formdorn unterschieden werden. Für den Energieeintrag eignen sich drei Prinzipien. Mit Hilfe eines heißen Durchflußmediums kann eine zügige Erwärmung des Funktionselementes erreicht werden. Dies kann ebenso mit Hilfe einer elektrischen Widerstandsheizung erfolgen, deren Funktion durch die FGL-Funktionselemente selbst oder durch zusätzliche Heizdrähte umgesetzt wird. Die konzipierten Heizprinzipien eignen sich sowohl für eine Heizung außerhalb als auch innerhalb der Vulkanisation, wobei die Heizung solange erfolgen muß ist, bis die Effektausprägung nach Überschreiten der Sprungtemperatur erreicht ist. Die induktive Heizung kann ausschließlich vor dem Vulkanisationsprozeß eingesetzt werden, da der Energieeintrag die Relativbewegung zwischen Heizquelle und Rohling-Formdornsystem erfordert.

5.3 Konzeption Fügesystem

5.3.1 Fügekinematik

In der Aufdorn- und Abdornphase können für Formdorne aus Formgedächtnislegierung die in Bild 5.5 dargestellten Teilsystemkonzepte angewendet werden.

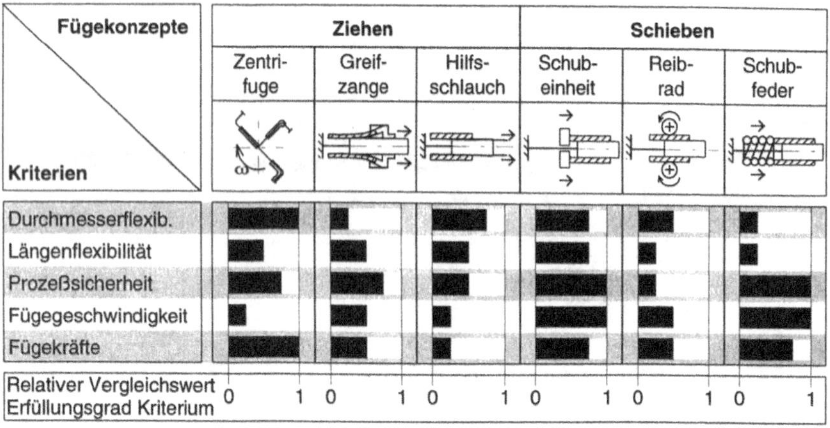

Bild 5.5: Teilsystemkonzepte für das Fügesystem

Grundsätzlich kann für beide Fügevorgänge zwischen einem ziehenden und einem schiebenden Fügeprinzip unterschieden werden, da die Einleitungsstelle der Fügekräfte an Formdorn und Rohling bzw. Krümmer aufgrund deren Elastizität das Fügeverhalten beeinflußt. So bewirkt die beim Schieben jeweils hinter der Kontaktfläche des geformten Schlauches und des Formdornes liegende Fügekrafteinleitungsstelle beim Aufdornen eine Stauchung des Rohlings mit Querschnittsflächenvergrößerung durch die Volumenkonstanz des Elastomers ($\nu \approx 0$), während die Krafteinleitung vor der Kontaktfläche des Rohlings eine für diesen günstige Streckung zur Folge hat.

Die Fügekraft ist im Falle der Schiebeverfahren geringer als bei Ziehverfahren, da die durch Stauchung hervorgerufene Aufweitung des Schlauchrohlings die Normalkraft zwischen Schlauchrohling und Dorn vermindert und damit die Reibungskräfte reduziert.

5.3.2 Richttechnik

Für das Richten von FGL-Formdornen wurden verschiedene Richtsysteme (Bild 5.6) konzipiert. Die Bedingungen beim Richten sind gegeben durch den Formdornaufbau. Bei Verbunddornen lassen sich bekannte Richtverfahren für Stäbe oder Rohre nicht einsetzen, da die Gefahr einer Beschädigung des Verbundaufbaus gegeben ist. Weiterhin bedingen die Eigenschaften der Formgedächtnislegierung, daß die bei einem Überbiegen auftretende Überdehnung die nutzbare Effektgröße verringert.

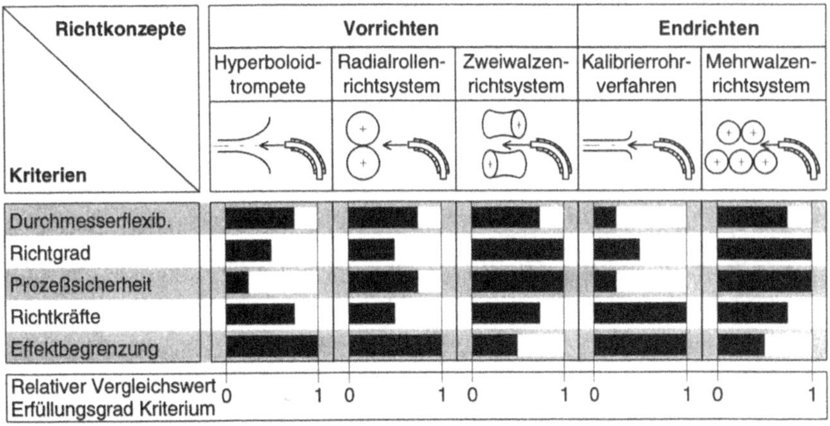

Bild 5.6: Teilsystemkonzepte für das Richtsystem

5.3.3 Reibkraftreduzierung

Die während der Prozeßphasen wirkenden Reibkräfte beeinflußen maßgeblich die Fügekräfte. Die Reduzierung der Reibung durch passive oder aktive Maßnahmen verbessert daher maßgeblich die Prozeßsicherheit. Nach Bild 5.7 können zur Erreichung dieses Ziels die Oberflächen als passive Maßnahme behandelt werden oder im Rahmen einer aktiven Maßnahme Trennmittel unter Druck eingebracht werden.

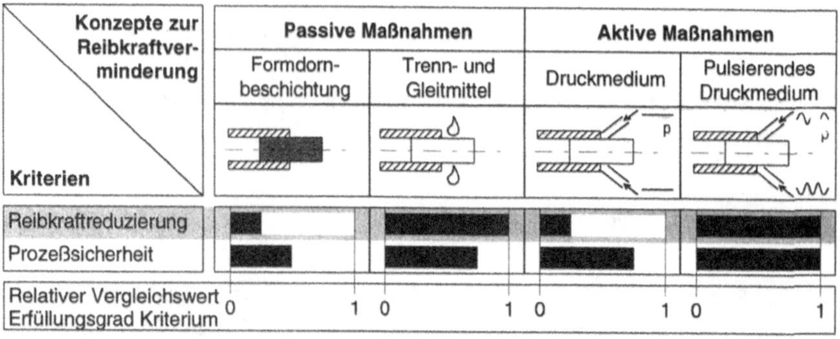

Bild 5.7: Teilsystemkonzepte für das System zur Reibkraftverminderung

5.4 Integration zum Gesamtsystem

Der Lösungsraum von Gesamtsystemen zur Herstellung von Krümmern mit Dornen aus Formgedächtnislegierungen ergibt sich durch eine anforderungsgerechte Kombination der Teilsysteme:

- Teilebereitstellung,
- Formgebungssystem,
- Fügesystem und
- Vulkanisation.

In Abhängigkeit von den Prozeßbedingungen und dem Pflichtenheft zur Herstellung von Krümmern kann eine Auswahl der Teilsysteme gemäß dem in Bild 5.8 dargestellten Lösungskatalog vorgenommen werden.

Funktion	**Teilsystemlösungen**				
Teilebereitstellung	Stiftbrett	Tiefziehmagazin	Schachtmagazin	Gurtmagazin	Haufwerk
Formgebungssystem	Volldorn	Runddraht-verbund-dorn	Flachdraht-verbund-dorn	Matrixdorn	
Fügesystem	Zentrifugal-verfahren	Reibrad-system	Sequent. Auf-/Abdorn-verfahren		
Vulkanisation	Salzbad	Druck	Heißluft	Mikrowelle	Infrarot

Bild 5.8: Lösungskatalog der Teilsysteme zur Krümmerherstellung mit FGL-Formdornen

6 Entwicklung des Formgebungs- und Fügesystems

6.1 Thermodynamische Untersuchung

Ziel der Untersuchung ist die Ermittlung des thermodynamischen Verhaltens eines FGL-Formdornes, dessen Verträglichkeit mit der Vernetzungsreaktion des elastomeren Werkstoffes in der Vulkanisation die konstruktiven und chemischen Randbedingungen des Verfahrens bestimmt.

Aufgrund des mehrschichtigen Aufbaus des Formdornsystems ist die Darstellung des Temperaturverlaufes analytisch nicht möglich. So wurde die Erwärmung und Abkühlung der Formdornsysteme mit Hilfe einer Simulation ermittelt.

Um über das zeitliche Temperaturverhalten in Formdornen allgemeingültige Aussagen treffen zu können, wurden zwei Dornkonzepte (Bild 6.1) exemplarisch untersucht. Das Formdornsystem V1 entspricht einem repräsentativen Krümmer, der auf einem Runddrahtverbunddorn ausvulkanisiert wird. In der Variante V2 wurde die Wandstärke des elastomeren Hohlzylinders, der sowohl die Auffütterung als auch den Rohling einschließt, oberhalb des in der Analyse ermittelten Maximalwertes angesetzt. Als zweites Dornkonzept wurde ein Hohldorn der Geometrie H untersucht, der aufgrund der größeren Kontaktfläche gegenüber dem Runddrahtverbunddorn günstigere thermodynamische Ausgangsbedingungen aufweist.

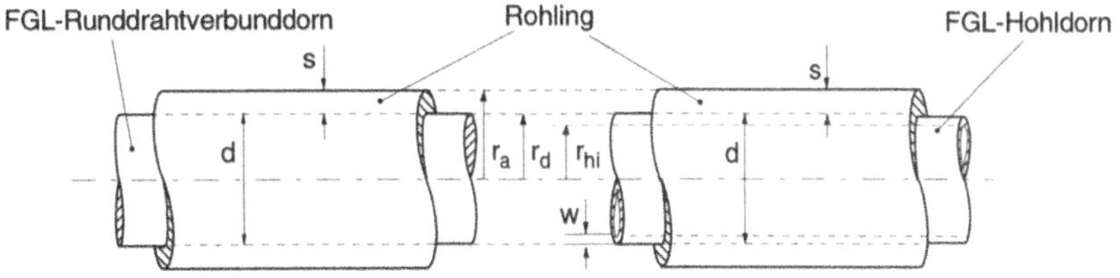

Geometrische Abmessungen in [mm]

	r_{hi}	r_d	r_a	s	d	w
Geometrie V1	-	2,5	6	3,5	5	-
Geometrie V2	-	2,5	11	8,5	5	-
Geometrie H	1,5	2,5	11	8,5	5	1

Werkstoffkennwerte

		FGL-Formdorn	Rohling/ Auffütterung
Dichte	ρ	6,45 g/cm³	1,3 g/cm³
Wärmekapazität	χ	0,45 J/(gK)	1,97 J/(gK)
Wärmeleitfähigkeit	λ	10 W/(mK)	0,24 W/(mK)

Bild 6.1: FGL-Formdorn-Systeme mit Aufütterung und Rohling zur thermodynamischen Simulation

6.1.1 Temperaturfeldbestimmung im Formgebungssystem

Durch sprunghafte Änderung der Temperatur des Umgebungsmediums wird der anfängliche Initialzustand $T(r, t = t_0) = T_0$ im Inneren der Formdornsysteme gestört und es werden instationäre Temperaturausgleichsvorgänge ausgelöst. Für das Temperatur/Zeit-Verhalten der Umgebung, das im folgenden als "Erregerfunktion" bezeichnet wird, werden drei unterschiedliche Fälle (❶, ❷ und ❸) gemäß Bild 6.2 betrachtet.

Die Erregerfunktionen werden von ihren Funktionsparametern und Randbedingungen her so bestimmt, daß die für die Vulkanisation mit FGL-Dornen ungünstigsten Parametergrenzen gelten. So gilt für den Fall ❶ eine untere Vulkanisationstemperatur T_{VU} von 152°C. Eine Erregerfunktion T_{VH} von 120°C wurde als Fall ❷ definiert, der einer möglichen Vorheizung vor dem Eintritt von Vernetzungsreaktionen entspricht.

Beim Abkühlvorgang (Fall ❸) wird als Ausgangstemperatur die obere in der Vulkanisation vorkommende Temperatur T_{VO} von 165°C gewählt. Zur Abkühlung wird freie Konvektion von Luft im Arbeitsbereich um den Autoklaven angenommen, die eine Temperatur T_{AB} von 40°C hat.

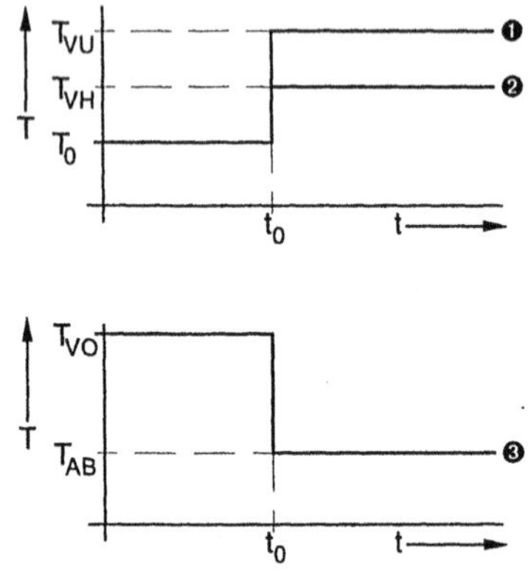

Erregerfunktion Erwärmung		
❶ $t \leq t_0$	T_0 = 20 °C	Luft
$t > t_0$	T_{VU} = 152 °C	Wasserdampf gesättigt
❷ $t \leq t_0$	T_0 = 20 °C	Luft
$t > t_0$	T_{VH} = 120 °C	Wasserdampf gesättigt

Erregerfunktion Abkühlung		
❸ $t \leq t_0$	T_{VO} = 165 °C	Wasserdampf gesättigt
$t > t_0$	T_{AB} = 40 °C	Luft, freie Konvektion

Bild 6.2: Erregerfunktionen der drei Temperatursimulationsfälle

Grundlagen zur Berechnung des Temperaturfeldes sind der erste Hauptsatz der Thermodynamik und das Fouriersche Grundgesetz der Wärmeleitung. Die zu lösende Temperaturfeldgleichung lautet:

$$\frac{\partial T}{\partial t} = a \nabla^2 T \tag{6.1}$$

mit der Temperaturleitfähigkeit:

$$a = \frac{\lambda}{\rho c_p} \tag{6.2}$$

Für ein eindimensionales, zylindersymmetrisches Temperaturfeld T(r, t) läßt sich Gl. (6.1) nach /43/ vereinfachen in:

$$\frac{\partial T}{\partial t} = \frac{a}{r}\frac{\partial}{\partial r}\left(r\frac{\partial T}{\partial t}\right) \tag{6.3}$$

Hierbei handelt es sich um eine instationäre partielle Differentialgleichung, die sich für die betrachteten zweischichtigen Systeme analytisch nur durch ein Näherungsverfahren lösen läßt. Zur Lösung der Temperaturfeldgleichung wurde daher ein numerisches Lösungsverfahren mit folgenden Annahmen angewandt.

- Der Temperaturausgleich im Körperinneren erfolgt eindimensional. Das zu berechnende Temperaturfeld kann somit als Funktion T=T(r, t) dargestellt werden.
- Alle thermophysikalischen Stoffeigenschaften (Dichte, spezifische Wärmekapazität, Wärmeleitfähigkeit) und die Wärmetransportkoeffizienten (Wärmeübergangskoeffizienten) sind temperatur- und richtungsunabhängig.

Mit Hilfe eines Finite-Differenzen-Verfahrens, welches in /44/ beschrieben ist, werden die in der partiellen Differentialgleichung zur Beschreibung des instationären Wärmeleitvorgangs auftretenden Differentialausdrücke durch Differenzenquotienten substituiert. Damit kann die numerische Lösung des instationären Wärmeleitproblems auf die Lösung eines Gleichungssystems der Form:

$$\mathbf{A} \cdot \mathbf{T} = \mathbf{b} \tag{6.4}$$

mit **A** als quadratischer Matrix, **T** als Lösungsvektor und **b** als Randvektor reduziert werden.

Im Falle des Aufheizens in der umgebenden Wasserdampfatmosphäre (Erregerfunktionen ❶ und ❷) wird davon ausgegangen, daß der Umgebungs-Dampfzustand hinsichtlich Druck und Temperatur unverändert bleibt. Da die Oberflächentemperatur der Formdornsysteme unterhalb der Sättigungstemperatur des Wasserdampfes liegen ($T(r = r_a, t = t_0) < T_{Sättigung, Dampf}$) kommt es zur Kondensation von Wasserdampf an der Körperoberfläche. Unter Annahme eines laminaren Kondensatfilmes am senkrechten Zylinder kann mit Hilfe der Nusseltschen Wasserhauttheorie der mittlere Wärmeübergangskoeffizient α zu 5500 W/(m² K) /43/ abgeschätzt werden. Die numerischen Rechnungen wurden mit den drei unterschiedlichen Wärmeübergangskoeffizienten 500, 1000 und 5000 W/(m² K)) durchgeführt, wobei der Wert von 500 auf nur geringfügig längere Erwärmungs- bzw. Abkühlzeiten führt.

Beim Abkühlen in Luft, definiert als Erregerfunktion ❸ (Bild 6.2), wird von freier Konvektion mit einem Wärmeübergangskoeffizienten von 25 W/(m² K) ausgegangen.

6.1.2 Ergebnis der thermodynamischen Simulation

Das Ergebnis der thermodynamischen Simulation für den Fall der Erwärmung zeigt Bild 6.3.

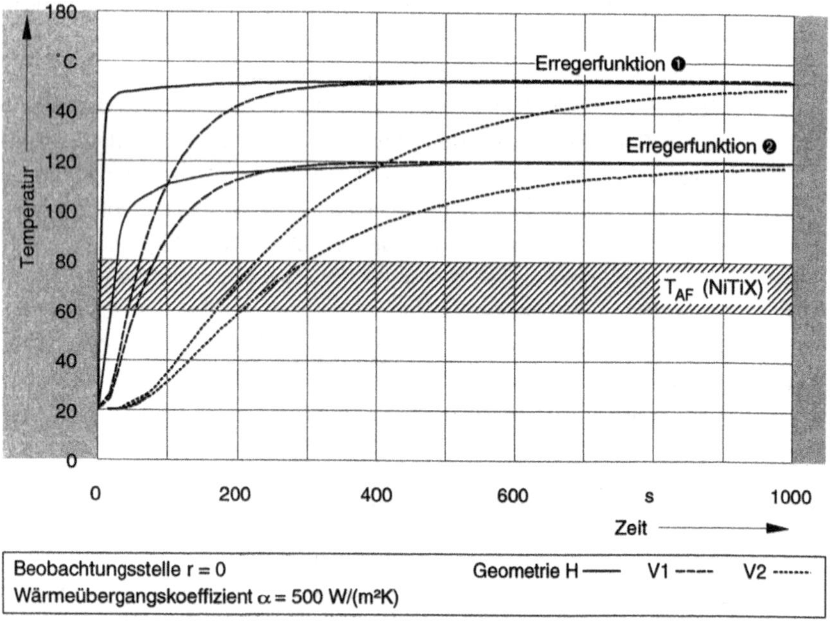

Bild 6.3: Simulation der Erwärmung unterschiedlicher Formdornsysteme

Unter Einwirkung der Erregerfunktionen ❶ und ❷ ist bei den modellierten Formdornsystemen ein schnelles Erreichen des Austenit-finish-Temperatur-Bandes gegeben, das durch die Auswahl von NiTi-Basislegierungen mit hohen Sprungtemperaturen bedingt ist. Nachdem sich innerhalb einer Zeit von maximal 300 s die Effektausbildung unter Vulkanisationsbedingungen einstellt, ist eine Beeinträchtigung der Vernetzungsreaktion nicht gegeben, da übliche Vulkanisationssysteme bei einer unteren Vulkanisationszeit von 20 min ihren kritischen Vernetzungsgrad erst nach einer Einwirkzeit von etwa 5 min erreichen. Damit entfällt die Notwendigkeit einer zusätzlichen Formdornerwärmung außerhalb des eigentlichen Vulkanisationsprozesses.

Bild 6.4 zeigt den zeitabhängigen Temperaturverlauf im Querschnitt von Formdorn und Rohling bei der Erwärmung des Formdornsystems V1 unter Einwirkung der Erregerfunktion ❶. Der parallele Verlauf der Temperatur-Zeit-Linien im metallischen Bereich des Formdornes zeigt dessen homogene Erwärmung, die relativ schnell erfolgt.

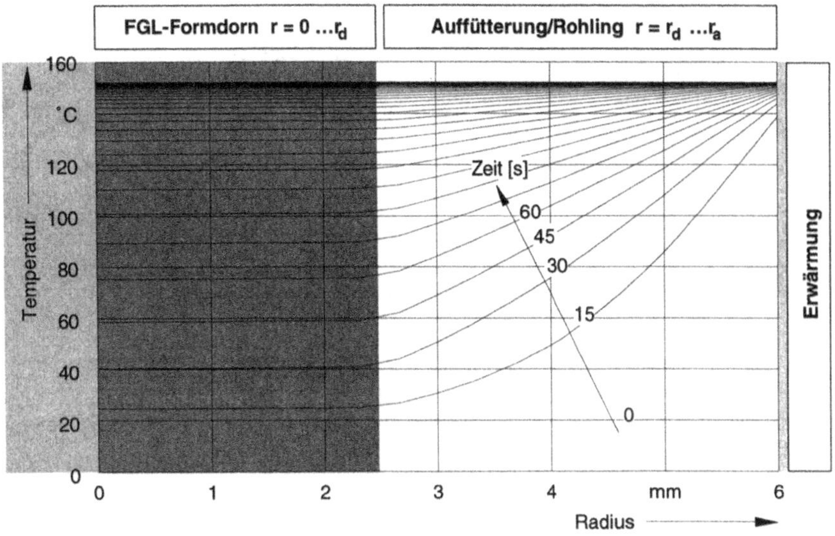

Bild 6.4: Temperaturverlauf in Formdorn und Rohling bei Erwärmung

Der durch die Erregerfunktion ❸ erzeugte Temperatur-Zeit-Verlauf im Formdornsystem V1 ist in Bild 6.5 gezeigt. Die niedrige Abkühlgeschwindigkeit wird durch die hohe Dichte der Temperatur-Zeit-Linien verdeutlicht.

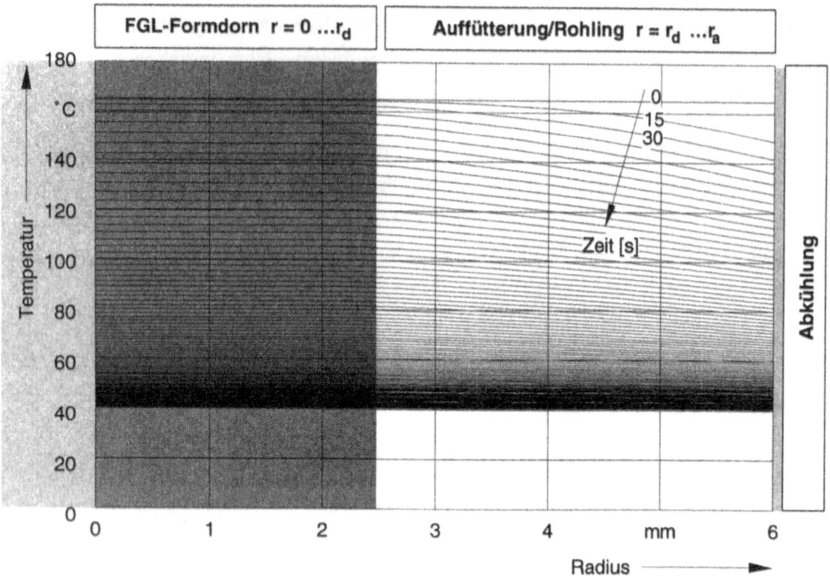

Bild 6.5: Temperaturverlauf in Formdorn und Rohling bei Abkühlung

Das durch Erregerfunktion ❸ erzeugte Abkühlverhalten der drei untersuchten Formdornsysteme ist in Bild 6.6 gezeigt. Aufgrund des geringen Wärmeübergangskoeffizienten erfolgt die Abkühlung wesentlich langsamer als die Erwärmung. Ein sicheres Unterschreiten des Martensit-finish-Temperatur-Bandes erfordert daher eine Abkühlzeit von mindestens 30 min.

Die Simulation des thermodynamischen Verhaltens unterschiedlicher Formdornsysteme zeigt somit unter den gegebenen Bedingungen der Vulkanisation die grundsätzliche Eignung des Verfahrens. Gleichzeitig werden die Randbedingungen des Verfahrens nach der Vulkanisation durch die Bestimmung der Mindestabkühlzeit festgelegt.

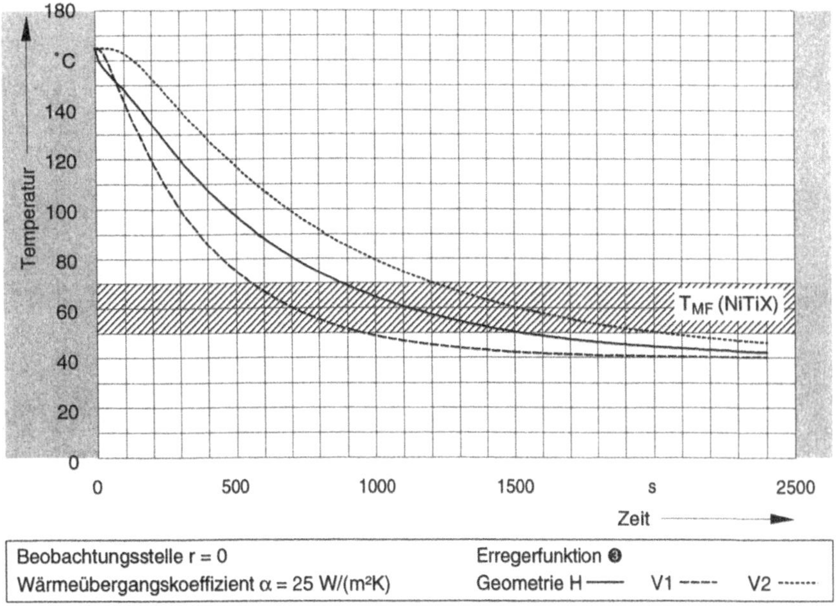

Bild 6.6: Simulation der Abkühlung von Formdornsystemen

6.2 Herstellung von Biegeversuchsproben

Zur experimentellen Untersuchung des Formgebungssystems wurden Biegeversuchsproben aus runden NiTi- und NiTiCu-Drähten hergestellt. Die Dornproben wiesen analog zur Geometrie von Krümmern zwei gerade sowie zwei radial gekrümmte Bereiche auf, die zur Untersuchung der Biegewechselfestigkeit thermomechanisch beansprucht wurden. Das Probenspektrum (Bild 6.7) beinhaltete zur Untersuchung des Einflusses der anfänglichen Dehnung zwölf vom Durchmesser und Krümmungsradius her variierende Biegeversuchsproben mit einer Verteilung der theoretischen, anfänglichen Effektgröße von 0,5...20 %. Weiterhin wurden Biegeversuchsproben mit 4 mm Durchmesser und 50 mm Krümmungsradius sowohl einer unterschiedlichen Wärmebehandlung unterzogen, als auch zur Simulation der im Prozeß wirkenden Rückstellkräfte mit einem Fluorkautschuküberzug versehen.

Zur Herstellung der Proben wurden kaltgezogene NiTi- bzw. NiTiCu-Drähte mit einem Kaltumformgrad von 30% in dem in Bild 6.7 gezeigten Teachgesenk fixiert. Die

Formgebung der Biegeversuchsproben erfolgte durch Erwärmung auf die Wärmebehandlungstemperaturen in einem konventionellen Ofen bei freier Konvektion und Halten der Temperatur über 0,5 h.

Teachgesenk zur Probenherstellung

NiTi-, NiTiCu-Proben zur Untersuchung der anfänglichen Effektgröße ε_0
$T_W = 400\ °C$, $t_W = 20$ min

R \ d	1 mm	2 mm	4 mm
10 mm	5 % (1)	10 % (2)	20 % (3)
30 mm	1,67 % (4)	3,33 % (5)	6,67 % (6)
50 mm	1 % (7)	2 % (8)	4 % (9)
100 mm	0,5 % (10)	1 % (11)	2 % (12)

NiTi-, NiTiCu-Proben zur Untersuchung des Wärmebehandlungseinflusses
T_W= var., $t_W = 20$ min

(13) Normalprobe $T_W = 350\ °C$
(14) Normalprobe $T_W = 450\ °C$
(15) Normalprobe $T_W = 500\ °C$

NiTi-, NiTiCu-Proben zur Untersuchung des Gegenkrafteinflusses
$T_W = 400\ °C$, $t_W = 20$ min

(16) Normalprobe mit Auffütterung aus Fluorkautschuk s = 2 mm

R_t	Krümmungsradius im Teachgesenk	t_W	Haltezeit bei der Wärmebehandlungstemp.
d	Dorndurchmesser	ε_{svw}	Solldehnung vor Wärmebehandlung
T_W	Wärmebehandlungstemperatur	s	Wandstärke Auffütterungsschicht
(i)	Probennummer	(grau)	Normalprobe (R = 50 mm, d = 4 mm)

Bild 6.7: Übersicht Biegeversuchsproben

6.2.1 Korrektur der Dornprobenform

Nach der Wärmebehandlung der Dornproben zur Formgebung wurde festgestellt, daß die Form der hergestellten Proben von der Form des Teachgesenkes abwich. So wurde bei allen Dornproben ein "Aufspringverhalten" beobachtet, das legierungsabhängig durch die Zunahme der Krümmungsradien nach der Wärmebehandlung bestimmt war. Dieser Effekt ist gleichfalls in /45/ beschrieben. Bei der Herstellung von Formdornen muß dies durch eine entsprechende Korrektur des Teachgesenkes oder der Fixierung berücksichtigt werden.

In einer Versuchsreihe wurden die auftretenden Abweichungen jeweils vor und nach der Wärmebehandlung sowie in Abhängigkeit der Wärmebehandlungstemperatur ermittelt und in Dehnungswerte umgerechnet. Die Versuche ergaben, wie Bild 6.8 zeigt, einen linearen Zusammenhang der durch die Teachgesenkform festgelegten Dehnung ε_{svw} oder auch theoretischen, anfänglichen Dehnung vor der Wärmebehandlung gegenüber der durch die Form der Probe nach der Wärmebehandlung eingenommenen Dehnung ε_{inw}, die der tatsächlichen, anfänglichen Dehnung ε_0 entspricht. Das Diagramm zeigt auf der linken Seite den Zusammenhang der Dehnungswerte für die Biegeversuchsproben mit unterschiedlichen Durchmessern und Krümmungsradien.

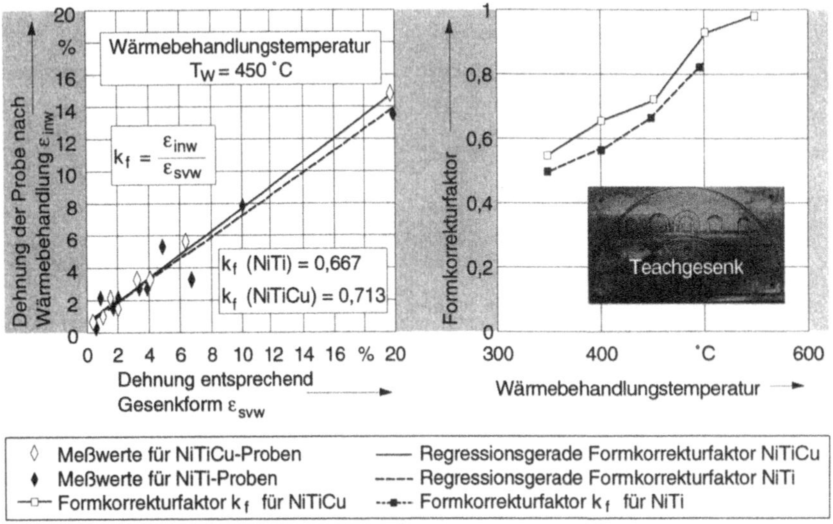

Bild 6.8: Zusammenhang der Probendehnungen vor und nach der Wärmebehandlung und Abhängigkeit der Formkorrekturfaktoren von der Wärmebehandlungstemperatur und Legierung

Aufgrund des linearen Zusammenhangs kann die Steigung der Regressionsgeraden oder das Verhältnis $\varepsilon_{inw}/\varepsilon_{svw}$ als temperatur- und legierungsabhängiger Formkorrekturfaktor k_f definiert werden. Bild 6.8 zeigt auf der rechten Seite die Abhängigkeit des Formkorrekturfaktors von der Wärmebehandlungstemperatur für die zwei untersuchten Legierungen.

6.2.2 Entwicklung eines Korrekturverfahrens

Zur Berücksichtigung des Aufspringverhaltens wird ausgehend von der zu erzeugenden Formdorn-Geometrie nach der Wärmebehandlung ein Verfahren zur Bestimmung der korrigierten Gesenkform entwickelt, die nachfolgend mit gestrichen dargestellten Parametern bezeichnet ist. Das Verfahren geht aus von der in der Dornfertigung üblichen Form der Krümmerbeschreibung mit den Parametern Dorndurchmesser d, Krümmerabschnittslänge l_n, Krümmungsradius R_n, Krümmungswinkel β_n und Drehwinkel δ_n. Aus diesen Parametern kann die korrigierte Gesenkform mit den Werten für Dorndurchmesser d_n', Krümmerabschnittslänge l_n', Krümmungsradius R_n', Krümmungswinkel β_n' und Drehwinkel δ_n' abgeleitet werden. Aufgrund der Bedingungen der Verformung d = d' = const. und $l_n = l_n'$ = const. für radiale Krümmerabschnitte ermitteln sich mit den Gln. 6.5, 6.6 und 6.7:

$$\beta_n' \cdot R_n' = \beta_n \cdot R_n \quad (6.5) \qquad \varepsilon_n' = \frac{1}{k_f} \cdot \varepsilon_n \quad (6.6)$$

$$\varepsilon_n = \frac{d}{2 \cdot R_n} \qquad \varepsilon_n' = \frac{d}{2 \cdot R_n'} \quad (6.7)$$

die Werte für β' nach Gl. 6.8 und R' nach Gl. 6.9:

$$\beta_n' = \frac{1}{k_f} \cdot \beta_n \quad (6.8)$$

$$R_n' = k_f \cdot R_n \quad (6.9)$$

Die Herstellung von räumlichen Formdorngeometrien erfolgt durch die Torsion der geraden Krümmerabschnitte um den Drehwinkel δ_n. Die korrigierte Größe δ_n' kann aufgrund der isotropen Werkstoffeigenschaften und des Zusammenhangs zwischen ε und γ nach dem Mohrschen Spannungskreis /46/ mit den Gln. 6.10 und 6.11 sowie für den Zusammenhang zwischen Schiebung und Drehwinkel entsprechend Gl. 6.12 in Gl. 6.13 hergeleitet werden:

$$\frac{\gamma}{2} = \varepsilon \quad (6.10) \qquad \gamma_n' = \frac{1}{k_f} \cdot \gamma_n \quad (6.11)$$

$$\gamma = \frac{d \cdot \delta}{2 \cdot l} \quad (6.12)$$

$$\delta_n' = \frac{1}{k_f} \cdot \delta_n \quad (6.13)$$

6.3 Werkstofftechnische Untersuchung

Die Untersuchung der werkstofftechnischen Dauerfestigkeitsparameter von Formgedächtnislegierungen wurde experimentell auf einem Versuchsstand mit Einrichtungen zur thermischen und umformtechnischen Probenbehandlung durchgeführt.

6.3.1 Versuchsaufbau und -ablauf

Der für die Untersuchung der zyklenabhängigen Effektstabilität konzipierte Versuchsaufbau ist in Bild 6.9 gezeigt. Die Dornprobenhalter sind symmetrisch gestaltet. Maximal können vier FGL-Dornproben unterschiedlichen Durchmessers gleichzeitig aufgenommen werden. Diese sind mit den Haltern fest verbunden, so daß zwei Messungen pro Probe während eines Meßzyklus vorgenommen werden können. Die Auswertegenauigkeit kann mit dieser Maßnahme verbessert werden.

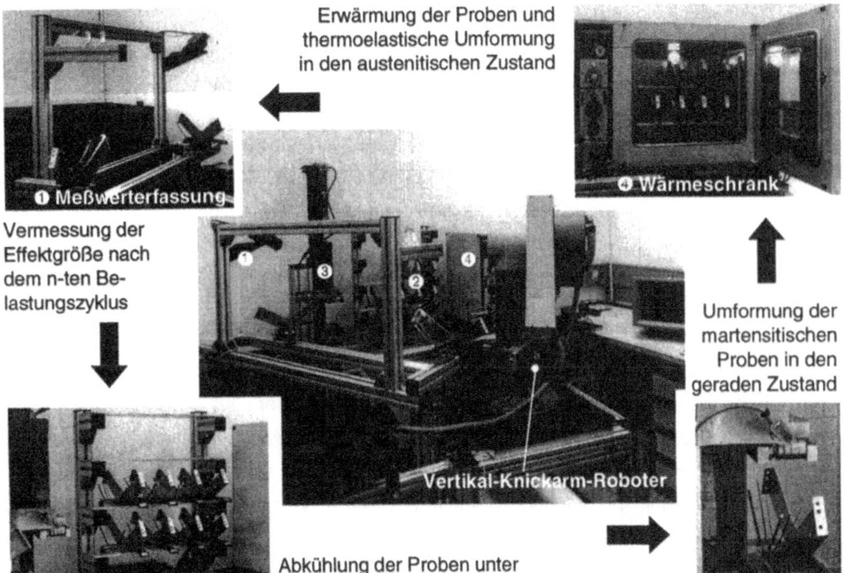

Bild 6.9: Versuchsaufbau zur Untersuchung der zyklischen thermisch-mechanischen Belastung

Der Versuchsaufbau beinhaltet ein Probenregal, in dem bis zu 16 Dornprobenhalter mit unterschiedlichen FGL-Dornproben zur Abkühlung abgestellt werden können. Das in Bild 6.9 dargestellte Biegegesenk dient zum Umformen der gebogenen Dornproben in die gestreckte Form bei Raumtemperatur. Der Richtvorgang erfolgt so, daß die nach der Erwärmung gekrümmten Proben zwischen einem Ober- und einem Untergesenk gerade gebogen werden. In einem Wärmeschrank werden die Dornproben auf eine Temperatur von ca. 120°C erwärmt. Hier nehmen sie die für den austenitischen Zustand eingestellte Form ein. Im Wärmeschrank haben maximal 8 Dornprobenhalter Platz.

Der Versuch (Bild 6.9) wurde aufgrund des zyklischen thermo-mechanischen Ablaufs vollautomatisch durchgeführt. Für den Transport der Dornprobenhalter wurde ein Vertikalknickarmroboter eingesetzt, der die Versuchsproben in zyklischer Folge vom Probenregal in das Biegegesenk, anschließend in den Wärmeschrank und nach der Erwärmung in die Meßvorrichtung umsetzt. Zur Prozeßüberwachung sind im Robotergreifer, im Biegegesenk und in der Meßeinrichtung Sensoren integriert. Der Versuchsablauf wird durch die Robotersteuerung überwacht und gesteuert.

Das Meßwerterfassungssystem (Bild 6.10) besteht aus einer Beleuchtungseinheit, einer CCD-Kamera und einem PC-gestützten Bildverarbeitungssystem. Im Meßwerterfassungssystem werden nach der Bestimmung der Nummer des Dornprobenhalters anhand einer Binärcodierung die Abstände der Dorne zu einer Referenzkante vermessen, gespeichert und ausgewertet. Der Auswertealgorithmus ermittelt, wie in Bild 6.10 vereinfacht dargestellt, die Dehnung ε_k an der Biegeprobe nach dem k-ten Belastungszyklus.

Die Dehnung wird auf der Basis der absoluten Rückstellung der Biegeprobenform jeweils nach Abschluß eines Versuchszykluses berechnet. Der Vergleich der absoluten Dornendenposition nach dem k-ten Zyklus und der anfänglichen Dornendenposition erlaubt die rekursive Bestimmung der Dehnung über den Krümmungswinkel. Das gerade Stück am Ende der Biegeprobe dient der Verstärkung des Meßwertes. Bei der Auswertung der Versuche wurde der Parallaxenfehler der Meßanordnung berücksichtigt. Unter Anwendung der entwickelten Formel konnte ein stabiles Rekursionsverhalten erreicht werden.

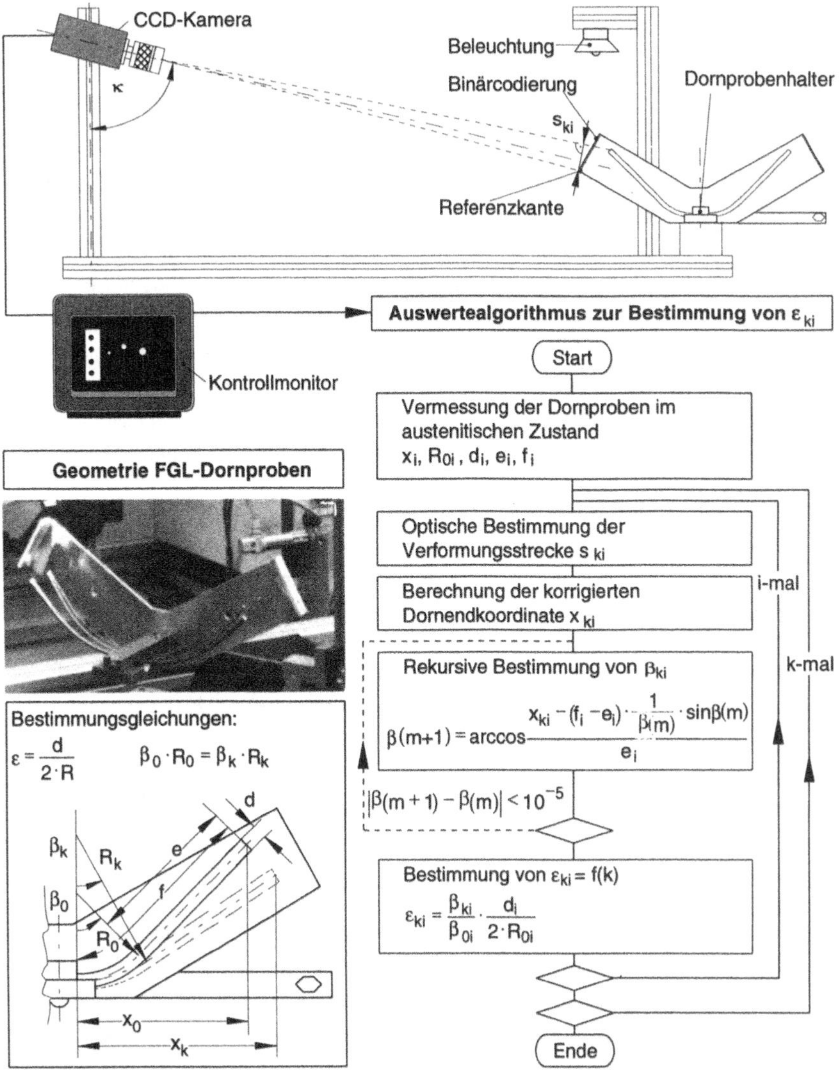

i	Dornprobennummer	β_{ki}	Krümmungswinkel
k	Zykluszahl	R_{ki}	Krümmungsradius
e_i	Länge gerader Abschnitt	x_{ki}	x-Abschnitt Dornende
f_i	Länge Einspannung bis Ende	κ	Kamerabefestigungswinkel
ε_{ki}	Dehnung der i-ten Dornprobe nach n Zyklen	s_{ki}	Verformungsprojektion

Bild 6.10: Meßaufbau und Auswertealgorithmus

6.3.2 Untersuchung der Einflüsse ausgewählter Parameter

6.3.2.1 Ausgangsdehnung

Bild 6.11 zeigt den Einfluß der anfänglichen Dehnung auf die Effektstabilität. Dabei ergibt sich bei hohen anfänglichen Dehnungswerten von 13,9 % (NiTi) bzw. 15,2 % (NiTiCu) eine bis 100 Zyklen annähernd konstante Effektstabilität. Die Dehnung nimmt beim weiteren Anstieg der Lastspiele dann bis zum Versuchsende bei 2000 Zyklen um etwa 1 % ab. Beide Werkstoffe liegen mit ihren hohen anfänglichen Dehnungen deutlich über der FGL-Einwegeffektgröße. Der trotz dieser Tatsache unerwartet geringe Gedächtnisverlust ist auf den elastischen Verformungsanteil während des Biegevorgangs zurückzuführen. Die Kurven deuten damit eine Stabilitätsreserve des Verfahrens an, die ein Überschreiten der Einwegeffektgröße beim vorliegenden Belastungsfall zuläßt.

Bei Biegeproben mit einer niedrigen anfänglichen Dehnung zwischen 10 und 0,5 % ist sowohl für NiTi als auch NiTiCu eine geringe Abnahme der Effektgröße ε_k festzustellen, die kleiner 0,2 % ist. Diese ist bei NiTi geringfügig höher als bei NiTiCu.

Sowohl im Bereich der niedrigen, als auch der hohen anfänglichen Dehnung ist im Intervall bis zur Zykluszahl 10 für die Effektermüdung ein erster Kurvenabschnitt mit stärkerer Abnahme zu beobachten, während im Anschluß daran von einer linearen Abnahme ausgegangen werden kann. Für das Teachen von Formdornen ergibt sich damit ein zweiter zyklenabhängiger Faktor zur Bestimmung der korrigierten Gesenkform. Der Korrekturfaktor sollte idealerweise auf dem der Hälfte der Standzeit entsprechenden Wert des Gedächtnisverlustes basieren.

Bei den Dornproben aus NiTiCu traten ab einer Zyklenzahl von 1000 Dauerbrüche auf, so daß nach Versuchsende bei 2.000 Zyklen etwa 50 % der NiTiCu-Proben gebrochen waren. Mögliche Ursache für die aufgetretenen Brüche, die in anderen Versuchen /47/ nicht auftraten, kann einerseits ein zu hoher Sauerstoffgehalt der eingesetzten Legierung sein, der zu Versprödungserscheinungen führt, andererseits kann das Versagen auch durch den Belastungsfall und die Dimensionierung der Proben bedingt sein.

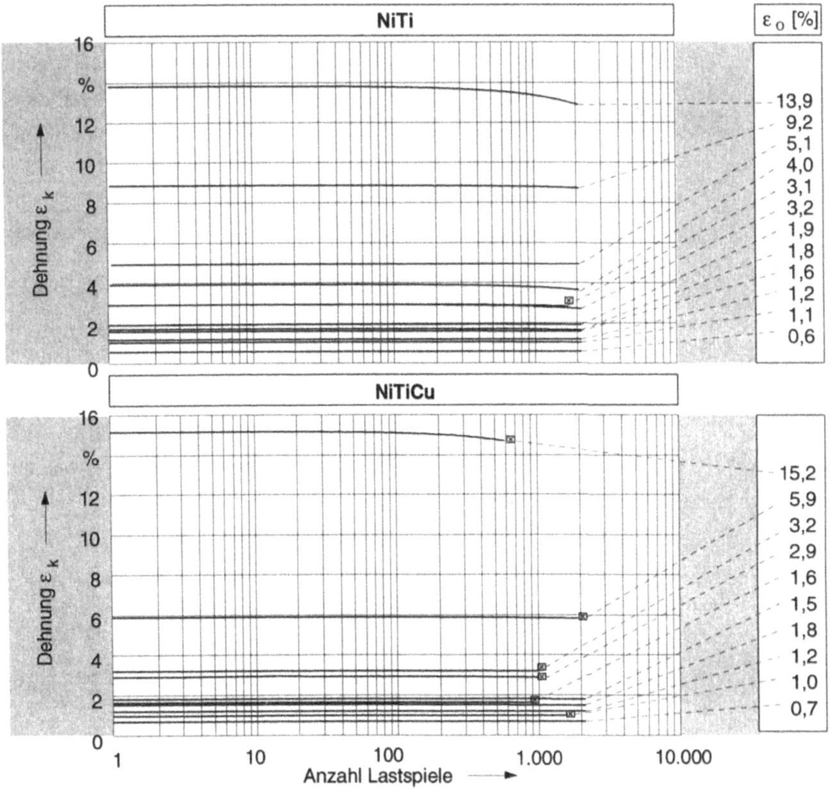

ε_0 Ausgangsdehnung ε_k Dehnung nach Belastungszyklus ⊠ Bruch

Versuchsende nach 2000 Belastungszyklen

Bild 6.11: Einfluß der Ausgangsdehnung auf die Effektstabilität

6.3.2.2 Wärmebehandlungstemperatur

Die Wärmebehandlung (Bild 6.12) erweist sich insbesondere bei der binären Legierung als bestimmender Parameter der Effektstabilität. Sie ist gleichzeitig abhängig von der vorhergehenden Kaltverformung, die für die untersuchten Dornproben 30 % betrug. Wärmebehandlungstemperaturen von 450 °C für die binäre und 550 °C für die ternäre Legierung dürfen nicht überschritten werden, da es sonst zu einer starken Abnahme der Effektstabilität kommt.

Ein optimaler Wärmebehandlungstemperaturbereich ergibt sich für NiTi bei 350... 400°C, für NiTiCu bei 400...500°C, da in diesem Intervall mit einer ausreichenden Effektstabilität bei gleichzeitg guter Verformbarkeit in der martensitischen Phase gerechnet werden kann.

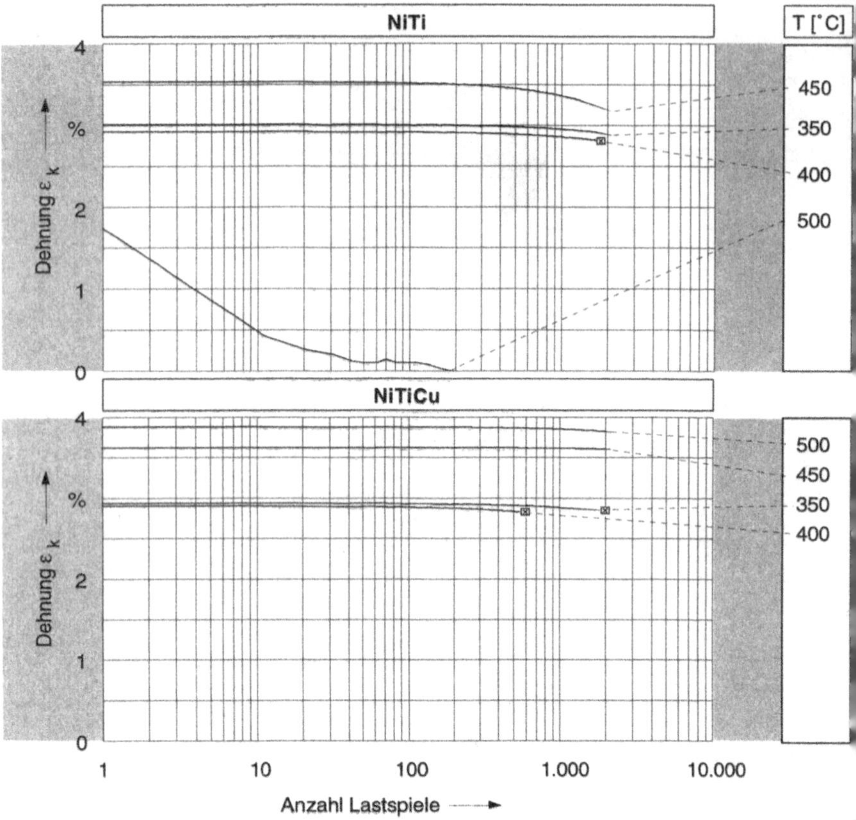

T Wärmebehandlungstemperatur ε_k Dehnung nach Belastungszyklus ⊠ Bruch

Versuchsende nach 2000 Belastungszyklen Normalproben (d = 4 mm, R = 50 mm)

Bild 6.12: Einfluß der Wärmebehandlung auf die Effektstabilität

6.3.2.3 Auffütterung und Rückstellkräfte

Die beiden Diagramme in Bild 6.13 bezüglich des Einflusses der Auffütterung zeigen aufgrund der parallelen Kurven, daß durch elastomere Überzüge mit geringer Festigkeit und des dadurch geänderten Belastungsfalls keine Auswirkungen auf die Effektstabilität entstehen. Die in dieser Darstellung ungeglätteten Kurven zeigen die für NiTi beobachtete Streuung der Dehnung ε_k über der Lastspielzahl.

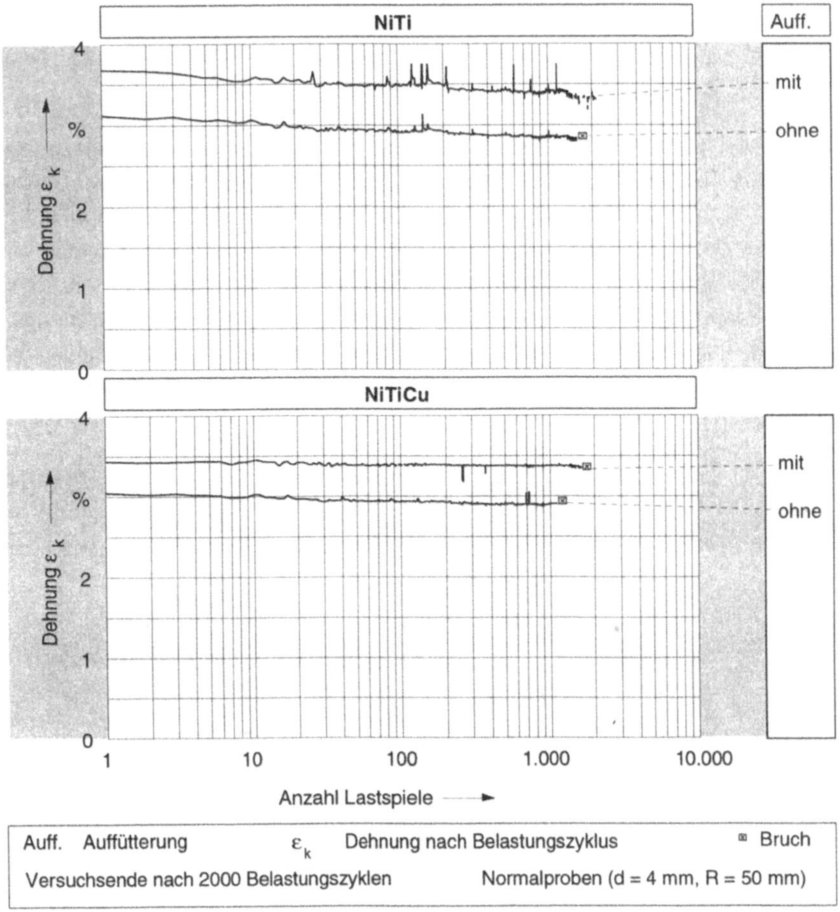

Bild 6.13: Einfluß von Rückstellkräften auf die Effektstabilität

6.4 Entwicklung des Fügesystems

6.4.1 Versuchsaufbau

Für die Entwicklung des Fügesystems wurden aus dem erweiterten Lösungskatalog verschiedene Teilsysteme unter dem Aspekt einer möglichst hohen Funktionsintegration durch Kombination von Auf- und Abdornvorgang ausgewählt. So wurde auf der Basis des kombinierten Auf- und Abdornverfahrens unter Anwendung des Radialrollenrichtsystems und des Kalibrierrohrverfahrens ein Versuchsaufbau entworfen.

Die Fügekräfte bei der Herstellung geformter Schläuche nach dem ausgewählten Lösungskonzept wurden anhand der in Bild 6.14 dargestellten Versuchsvorrichtung untersucht. Die Vorrichtung beinhaltete eine Zugstange, an die der Formdorn mit dem ausvulkanisierten Krümmer angekoppelt wurde. Die Richteinheit, durch die der Formdorn während des Richtvorganges zunächst gezogen wurde, war als Rohr ausgebildet. Während des Einzugvorganges wurde der Krümmer an der Blende abgestreift. Das nachfolgende Aufdornrohr, in dem sich der Rohling befand, war an der Zugstangenseite abgedichtet, so daß im Versuch Druckmedien eingebracht werden konnten.

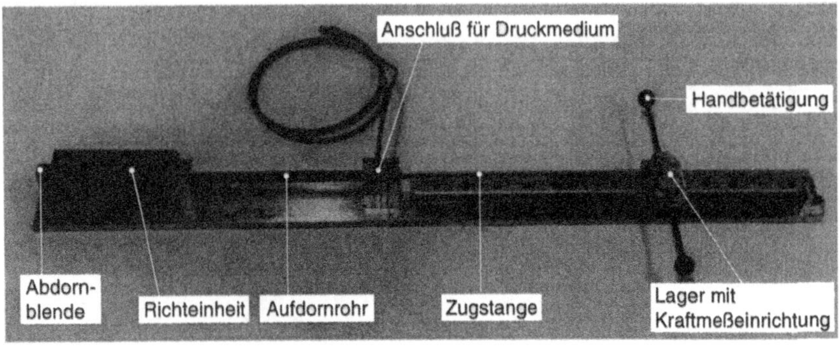

Bild 6.14: Versuchsaufbau zur Untersuchung der Fügekräfte

6.4.2 Experimentelle Untersuchung der Fügekräfte

Für die Fügekraftuntersuchung an der Auf- und Abdornvorrichtung wurden zweilagige, vorvernetzte EPDM-Rohlinge mit Innendurchmesser 7...7,3 mm und 13...

13,3 mm Außendurchmesser und einer Länge von 300 mm verwendet. Die Kraftmessungen wurden mit einer Federwaage durchgeführt.

Bestimmender Faktor der Fügekräfte war die Stärke der Dehnung in den radialen Krümmerabschnitten. So betrug die Zugkraft für einen schwach gekrümmten Krümmerabschnitt mit einer Dehnung von 12 % im untersuchten radialen Krümmerabschnitt nur die Hälfte der Kraft eines stark gekrümmten Krümmerabschnittes mit einer Dehnung von 20 %.

Die Reibung zwischen Verbunddorn und Krümmer stellt eine beeinflußbare Größe dar. Bei den Untersuchungen (Bild 6.15) konnte keine Eignung der Drucklufteinleitung zur Erzeugung eines Gleitluftpolsters oder dem Einsatz einer Teflonbeschichtung zur Reibwertminderung gefunden werden. Der Einsatz des in der Krümmerfertigung üblichen Gleitmittels konnte die Auf- und Abdornkräfte gegenüber den ohne Gleitmittel wirksamen Kräften von 250...300 N auf etwa ein Fünftel reduzieren.

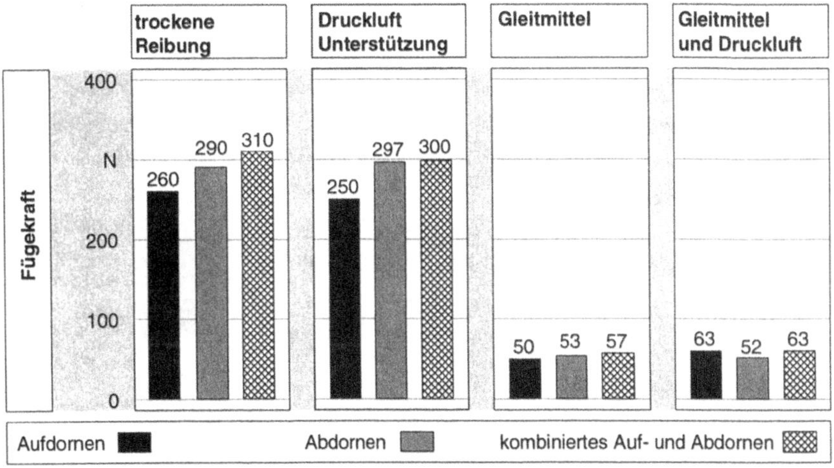

Bild 6.15: Optimierung der Reibkraftkoeffizienten

Auf die Vewendung eines Trenn- und Gleitmittels kann daher beim entwickelten Fügesystem unter Berücksichtigung der Krümmer- und Rohlingsbelastung nicht verzichtet werden.

7 Erprobung im Gesamtsystem

7.1 Auswahl des Versuchsmusters und Ablauf des Fertigungsversuchs

Zur Erprobung des entwickelten Verfahrens und der Teilsysteme wurde eine Versuchsanlage zum automatischen Auf- und Abdornen von FGL-Formdornen konstruiert. Die Festlegung des Krümmers für den Fertigungsversuch wurde anhand von Produktmerkmalen vorgenommen, die überdurchschnittliche Anforderungen hinsichtlich des Füge- und des Formgebungsprozesses beinhalteten. So wurde ein Produkt ausgewählt, das auf der Basis eines nicht vorvulkanisierten Rohlings hergestellt wurde und damit eine hohe Empfindlichkeit gegenüber Beschädigungen an der Oberfläche aufwies. Der ausgewählte zweidimensionale Krümmer war durch mehrere radiale Krümmerabschnitte mit Ausgangsdehnungen von 18% gekennzeichnet. Den versuchsweisen Fertigungsablauf nach dem neuen Verfahren zeigt Bild 7.1.

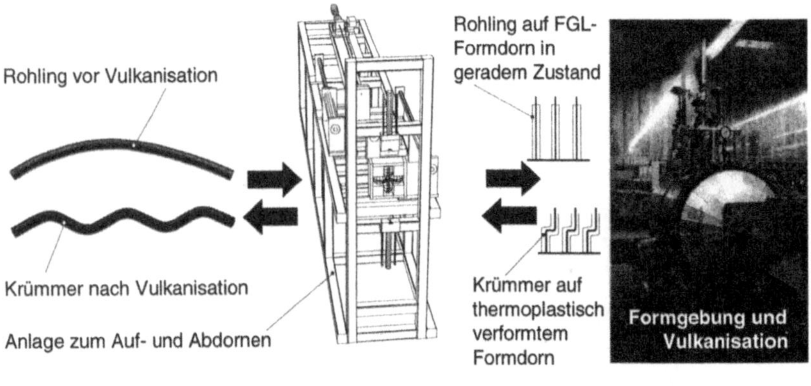

Bild 7.1: Fertigungsaufgabe und -ablauf

7.2 Aufbau des Fertigungsversuches

7.2.1 Gesamtaufbau

Die Versuchsanlage besteht aus dem Formgebungssystem zur Erzeugung der definierten Krümmergeometrie in der Vulkanisation und dem automatisierten Fügesystem, in dem die Vorgänge des Auf- und Abdornens von Rohling bzw. Krümmer sowie des Richtens erfolgen.

7.2.2 Teilsysteme

7.2.2.1 Formdornsystem

Das in der Versuchsanlage eingesetzte FGL-Formdornsystem wurde als Runddrahtverbunddorn gestaltet. Die Herstellung der Formdorne erfolgte mit Hilfe eines Teachgesenkes, in dem die mit 30 % Kaltverformung hergestellten NiTi- und NiTiCu-Drähte fixiert und anschließend einer Wärmebehandlung unterzogen wurden, die mit Hilfe eines in dem Gesenk integrierten Mantelthermoelementes überwacht wurde. Die Wärmebehandlungstemperatur wurde zur Bestimmung eines optimalen Temperaturbereiches von 300...500 °C variiert. Der geteachte Formdorndraht wurde abschließend mit einem Fluorkautschukschlauch aufgefüttert, um die beim Runddrahtverbunddorn bestehende Durchmesserdifferenz zwischen Draht und Rohling auszugleichen.

7.2.2.2 Fügesystem

Im Fügesystem (Bild 7.2) der Versuchsanlage werden Auf- und Abdornvorgang direkt nacheinander ausgeführt, so daß die Handhabung der Formdorne zwischen den Fügevorgängen entfällt. Die Zuführung der Rohlinge und der auf den FGL-Formdornen vulkanisierten Krümmer sowie der Materialfluß zur Vulkanisation erfolgt manuell.

Das Richten des FGL-Formdornes wird in mehreren Stufen durchgeführt. So durchläuft der Dorn mit vulkanisiertem Krümmer nach dem Ankoppeln an die Zugstange mit Hilfe eines verschraubbaren Kupplungselementes zunächst die erste Vorrichtstufe. Durch die Rollenanordnung werden die auftretenden Umformkräfte aufgenommen. Ein zweiter Richtvorgang schließt sich beim Einziehen von Krümmer und Formdorn in das Abdornrohr an, wo beide in gerader Form gehalten werden, so daß die gekrümmten Bereiche des Formdornes beim Abstreifen des Krümmers vom Formdorn nicht in die entgegengesetzte Richtung gebogen werden. Der Krümmer verbleibt nach dem vollständigem Abstreifen vom Formdorn an der Blende im Abdornrohr zurück. Im Verlauf der weiteren translatorischen Bewegung des Formdornes in das Aufdornrohr wird der einglegte Rohling aufgedornt. Nach dem Aufdornvorgang werden der Formdorn mit aufgedorntem Rohling und der vulkanisierte Krümmer automatisch aus den Aufnahmerohren ausgeworfen.

❶ Spanneinheit und erste Vorrichtstufe

❷ Zweite Vorrichtstufe und Abdornrohr

❸ FGL-Formdorn-fertigrichtstufe

❹ Rohlingsaufnahme und Aufdornrohr

❺ Zugstange und Vorschubzylinder

❻ Elektronischer Schrauber

❼ Schmier-einrichtung

Bild 7.2: Versuchsanlage zur Herstellung von elastomeren Krümmern mit FGL-Formdornen

7.3 Versuchsergebnisse

7.3.1 Effektstabilität

Bei der versuchsweisen Herstellung geformter Schläuche mit FGL-Formdornen wurde die Abnahme der Effektstabilität (Bild 7.3) als Maß für die erzielbare Standzeit der Dorne ermittelt. Dabei nahm der Krümmungswinkel der radialen Krümmerabschnitte in Abhängigkeit von der Wärmebehandlungstemperatur mit wachsender Zyklenzahl zu. Als kritische obere Temperaturgrenze konnte für NiTi

350°C, für NiTiCu 450°C festgestellt werden. Andererseits traten ab einer unteren kritischen Temperaturgrenze aufgrund der bei sinkenden Wärmebehandlungstemperaturen steigenden Festigkeit der Versuchsdorne Probleme beim Verfahrensablauf durch Oberflächenbeschädigungen auf. Die NiTiCu-Versuchsdorne, die unterhalb 400°C wärmebehandelt worden waren, mußten daher aus dem weiteren Versuch herausgenommen werden.

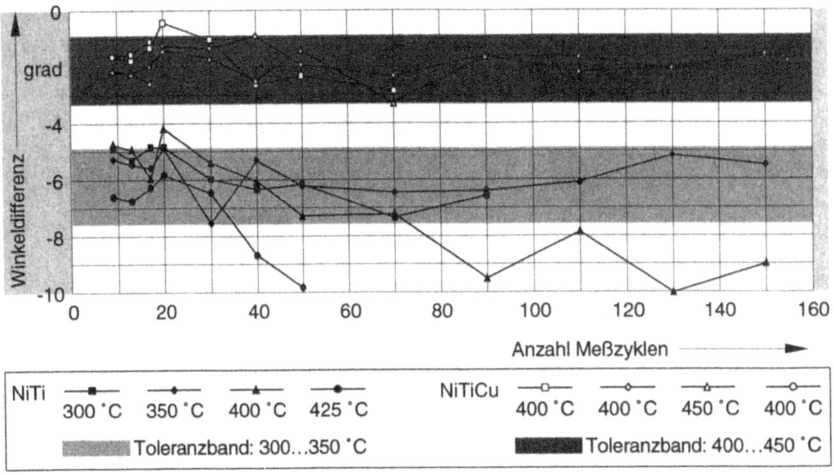

Bild 7.3: Effektstabilität des Verfahrens

Zwischen der legierungsspezifischen oberen und unteren kritischen Temperaturgrenze konnte für beide Legierungen ein Toleranzband ermittelt werden, in dem die Krümmungswinkelzunahme nur gering ist und bis zu einer Lastspielzahl von 200 eine Gesamtabweichung von + 2...3 grad aufwies. Die im Versuch ermittelte Abweichung liegt somit stabil in dem in der Analyse ermittelten Bereich der Toleranzgrenze für Krümmungswinkel von 5 grad.

Der Fertigungsversuch wurde nach 200 Lastspielen abgebrochen, wobei einige Proben konstruktiv bedingt aufgrund der ungeeigneten Klebeverbindung im Bereich der Kupplung bereits vor Versuchsende ausfielen. Im Hinblick auf die Ergebnisse bezüglich der Dauerfestigkeit kann davon ausgegangen werden, daß die tolerierbare Effektstabilität mindestens bis zu einer Standzeit von 1.000 Herstellungszyklen extrapoliert werden kann. Die Einsatztauglichkeit des Verfahrens für die Herstellung geformter Schläuche konnte damit verifiziert werden.

7.3.2 Prozeßzeiten

Bild 7.4 zeigt eine Taktzeituntersuchung der automatisierten Auf- und Abdornvorgänge in der Pilotanlage. Der Taktzeitanteil der reinen Fügevorgänge ist bestimmt durch die Geschwindigkeit des Auf- und Abdornens, wobei ab einer Geschwindigkeit von 10 m/min die Fügekräfte stark ansteigen. Die Pilotanlage wurde mit einer Vorschubgeschwindigkeit von 6 m/min des Hauptantriebes gefahren, so daß der längenabhängige Taktzeitanteil beim untersuchten Krümmer 13 s betrug. Die verbleibenden Taktzeitanteile sind technologisch weiter beeinflußbar und können optimiert werden.

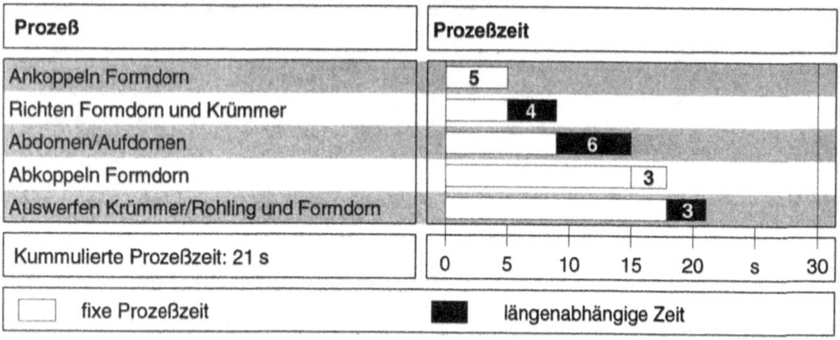

Bild 7.4: Analyse der Prozeßzeitanteile

7.3.3 Fehlerbetrachtung

Die Verfügbarkeit der entwickelten Teilsysteme erwies sich im Fertigungsversuch mit 70 % als relativ hoch, wobei verschiedene Fehler erkannt und deren Ursachen untersucht werden konnten. So zeigten sich (Bild 7.5) sowohl Druckstellen als auch Risse in der Auffütterung der Formdorne. Diese sind einerseits auf die Materialauswahl der Auffütterung sowie andererseits auf die Ausführung des Richtsystems zurückzuführen, das aufgrund des hohen Richtgrades hohe Belastungen der Oberfläche bedingt.

Die Qualitätsmerkmale der nach dem neuen Verfahren hergestellten Krümmer wiesen keine nachteiligen Veränderungen auf. So konnte weder eine Beeinträchtigung der Innenfläche noch die Entstehung von Falten in den Krümmungen beobachtet werden. Funktionsstörungen des Fügesystems traten nur vereinzelt auf, so daß die entwickelten Funktionsprinzipien verifiziert werden konnten.

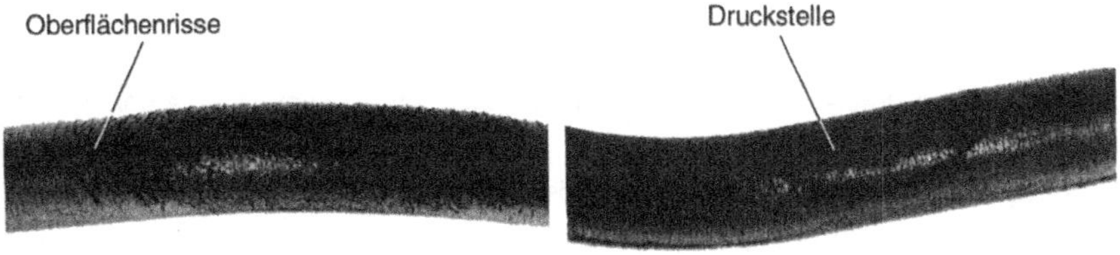

Bild 7.5: Druckstellen und Risse der Auffütterung

7.4 Folgerung aus den Versuchen

In den durchgeführten Versuchen konnte die Einsetzbarkeit des neuen Verfahrens zur Herstellung von Krümmern mit FGL-Formdornen bestätigt werden. Bei der begrenzten Zahl der Versuchszyklen, erwiesen sich sowohl NiTi als auch NiTiCu, vorbehaltlich der Vor- und Wärmebehandlung, als geeignete Legierungssysteme. Die Verfahrensstabilität genügt den Anforderungen zur Einhaltung der bei der Herstellung von Elastomerprodukten üblichen Toleranzen, so daß nach Durchführung von Optimierungsmaßnahmen mit der Übertragung des Verfahrens in die Fertigung begonnen werden kann.

Hinsichtlich werkstofftechnischer Optimierungsmaßnahmen sind insbesondere bei der Auswahl des Auffütterungsmaterials weitere Untersuchungen notwendig. Der frühe Ausfall des Materials durch Oberflächenbeschädigung muß gleichzeitig Gegenstand verfahrenstechnischer Verbesserungsmaßnahmen zur Reduzierung der Belastungen während der Umformvorgänge sein. Die weitere Optimierung der eingesetzten FGL-Halbzeuge kann im Rahmen des sukzessiven Aufbaus der Fertigung erfolgen.

Da zunächst die Grundlagen des Vefahrens entwickelt wurden, war der Fertigungsversuch auf die Herstellung von zweidimensionalen Schlauchformen beschränkt. Gegenstand nachfolgender Untersuchungen muß es daher auch sein, zum Teachen von dreidimensionalen Dornformen geeignete, formneutrale Fixierverfahren für die Wärmebehandlung zu entwickeln.

8 Zusammenfassung und Ausblick

Die Herstellung geformter Schläuche erfolgt heute ungeachtet einer ergonomisch ungünstigen Arbeitsplatzsituation weitgehend in manueller Fertigung. Der Grund dafür liegt in den komplexen Produktanforderungen, für die bisher auf der Basis konventioneller Automatisierungsansätze kein geeignetes Konzept entwickelt werden konnte.

In der vorliegenden Arbeit werden in einer Analyse des Produktspektrums die wesentlichen automatisierungsrelevanten Aspekte bei der Herstellung geformter Schläuche aufgezeigt. Dazu zählen die variable Produktgeometrie sowie die hohe Vielfalt an Varianten. Ausgehend von der Anwendung des Formgedächtniseffektes als Basis der Formgebung mit FGL-Formdornen werden weitere relevante Verfahrensparameter untersucht. Dabei beschränken die chemischen und thermodynamischen Randbedingungen des Verfahrens die Materialauswahl auf NiTi-Basislegierungen. Im Hinblick auf die Anwendung von Funktionselementen aus Formgedächtnislegierung gilt die Krümmung der geformten Schläuche als kritischer Parameter. Sie bewegt sich zwischen 10 und 25 % für das analysierte, repräsentative Produktspektrum.

Aufbauend auf den aus der Analyse abgeleiteten Anforderungen wird die Entwicklung des Formgebungs- und des Fügesystems sowie der spezifischen Einzelkomponenten durchgeführt. Dabei werden für die Formgebung alternative Aufbauvarianten der Formdorne ermittelt, da die Effektgröße oder die maximal wiederholbare Dehnung von NiTi-Legierungen auf etwa 4 % bei zyklischer Belastung begrenzt ist und konstruktive Maßnahmen zur Vergrößerung der an der Außenfaser erreichbaren Dehnung erforderlich macht. Die Verträglichkeit des Fügesystems mit dem Aufbau der Formdorne bedingt die Konzepte zum kinematischen Ablauf des Auf- und Abdornvorgangs und der Umformtechnik.

In der Grobkonzeption wird aufgrund des hohen Verformungsvermögens ein Verbunddornaufbau mit zentrisch integriertem FGL-Draht für die weitere Entwicklung ausgewählt. Mit der Festlegung von NiTi-Legierungen als Werkstoff für den Dornfunktionsträger werden die Berechnungsgrundlagen zur Bestimmung der erforderlichen Querschnitte des FGL-Funktionsträgers aufgestellt. Die aus der Rechnung resultierenden, krümmungsbedingt zulässigen Querschnitte des FGL-Funktionsträgers liegen insbesondere für den radialen Aufbau eng mit den für die Verformung notwendigen Querschnitten zusammen. Dies hat eine produktspezifische Restriktion des neuen Krümmerherstellungsverfahrens mit einer Beschränkung auf 50 % des gesamten Variantenspektrum zur Folge.

Das Eintreten des Verformungseffektes vor dem Vernetzungsprozeß im Werkstoffsystem ist Voraussetzung für die Durchführbarkeit des Verfahrens. Aufgrund der thermodynamischen Randbedingungen wurde im Rahmen einer Simulationsrechnung mit finiten Elementen zum Temperatur-Zeit-Verhalten sowohl das Erwärmungs- als auch das Abkühlverhalten des Gesamtsystems untersucht. Die Simulation ergab, daß eine ausreichend schnelle Erwärmung und damit Effektausbildung durch freie Konvektion gewährleistet ist.

Um die zeitliche Stabilität des Verfahrens zu untersuchen, wurde die Biegedauerwechselfestigkeit von FGL-Biegeproben bestimmt, für die bisher keine vergleichbaren Untersuchungen vorliegen. Dazu wurde ein Langzeitversuch zur Simulation des thermisch-mechanischen Verfahrensablaufes aufgebaut. Im Versuch konnte gezeigt werden, daß die Abnahme des Effektes bei konstruktiv bedingten Dehnungen im Bereich der Einwegeffektgröße nach wenigen Lastspielen einen stabilen Wertebereich erreicht, in dem eine Effektverringerung von 0,1...0,2 % zu beobachten ist. Die stabil wiederholbare Formwiederherstellung bis zu einer Zyklenzahl von 2.000 bildete den Ausgangspunkt für einen fertigungsnahen Versuch zum Nachweis der Verfahrenstauglichkeit.

Für den industriellen Einsatz sind zusätzliche Untersuchungen hinsichtlich der Werkstoffauswahl und -behandlung notwendig, da die optimalen Verfahrensparameter, wie Formdornstandzeit, Krümmergeometrie und Belastung durch Umformung, die eng miteinander verknüpft sind, einen wesentlichen Einfluß auf die Wirtschaftlichkeit des neuen Fertigungsverfahrens besitzen. Die Restriktionen bei der Krümmerherstellung bezüglich zu enger Radien, zu großer Krümmerinnendurchmesser und sich überlappender Formen müssen weiter reduziert werden und die Herstellung dreidimensionaler Krümmerformen durch die Entwicklung geeigneter Dornteachverfahren ermöglicht werden.

Durch die dargestellten Arbeiten konnte die Grundlage für ein neues Verfahren zur Herstellung geformter Schläuche erarbeitet werden, dessen Einsatz einen neuen Weg zur Automatisierung dieser Fertigungsaufgabe aufzeigt. Die weitere Erforschung und Optimierung von Formgedächtnislegierungen durch die werkstofftechnische Grundlagenforschung ist Voraussetzung für die Verbesserung des Verfahrens zur Krümmerherstellung mit FGL-Formdornen.

9 Schrifttum

[1] Warnecke, H.-J.: Revolution der Unternehmenskultur: Das Fraktale Unternehmen. 2. Aufl. Berlin; Heidelberg; New York: Springer, 1993.

[2] Ayres, R.U.; u.a.: Computer Integrated Manufacturing. Vol. 2. London; New York; Tokyo: Chapman&Hall, 1992.

[3] Schraft, R.D.; u.a.: Industrierobotertechnik. 2. Aufl. Böblingen: expert, 1990.

[4] Schweizer, M.: Roboterbranche mit Rückenwind. In: Roboter 11 (1993) Nr. 4, S. 10-12

[5] Schmaus, T.; u.a.: Strategische Maßnahmen zur Sicherung der Wettbewerbsfähigkeit. Fraunhofer-Institut für Produktionstechnik und Automatisierung. Stuttgart, 1993.

[6] Emmerich, H.: Flexible Montage von Leitungssätzen mit Industrierobotern. Berlin u.a.: Springer, 1991. Zugl. Stuttgart, Univ., Diss., 1991.

[7] Frankenhauser, B.: Montage von Schläuchen mit Industrierobotern. Berlin u.a.: Springer, 1988. Zugl. Stuttgart, Univ., Diss., 1988.

[8] Diess, H.: Rechnerunterstützte Entwicklung flexibel automatisierter Montageprozesse. Berlin u.a.: Springer, 1988. Zugl. München, Technische Universität, Diss., 1987.

[9] Wößner, J.: Automatische Montage von O-Ringen. Berlin u.a.: Springer, 1993. Zugl. Stuttgart, Univ., Diss., 1993.

[10] Beecken, E.; u.a.: Verbesserung der Arbeitsbedingungen bei der Herstellung von vorgeformten Einzelschläuchen für Kraftfahrzeuge und Arbeitsmaschinen. Bremerhaven: Wirtschaftsverlag NW, 1988 (Schriftenreihe der Bundesanstalt für Arbeitsschutz).

[11] Kugelmann, F.: Einsatz nachgiebiger Elemente zur wirtschaftlichen Automatisierung von Produktionssystemen. Berlin u.a.: Springer, 1993.
Zugl. München, Technische Universität, Diss., 1993.

[12] o.V.: Norm DIN-ISO 9000 05.90: Qualitätsmanagement und Qualitätssicherungsnormen: Leitfaden zur Auswahl und Anwendung.

[13] Schutzrecht DE 39 27 577 C2 (1992-01-16).: Formdorn zur Herstellung von elastomeren Formschläuchen. Fraunhofer-Gesellschaft.

[14] Gohl, W.; u.a.: Elastomere - Dicht- und Konstruktionswerkstoffe. Ehningen: expert, 1983 (Kontakt & Studium, Bd. 5).

[15] o.V.: Norm DIN 8593 09.85: Fertigungsverfahren Fügen: Einordnung, Unterteilung, Begriffe.

[16] Palm, W.J.; Tolani, R.: Automated Assembly Involving Flexible Tubes. In: Manufacturing Systems 13 (1984) Nr. 3, S. 226-231.

[17] Weisener, T; Herkommer, T. F.: Automated Assembly of Elastomer and Thermoplastic Hoses by Industrial Robots. In: International Manufacturing Technology Conference'90, 07.09.1990 in Chicago, Illinois, S. 421.1-421.20.

[18] Chang, L.C.; Read, T.A.: Transactions of the American Institute of Mining, Metallurgical and Petroleum Engineers. 191 (1951) Nr. 49, S. 233-240.

[19] Duerig, T.W.; Stöckel, D.; u.a.: Actuator and Work Production Devices. In: Engineering Aspects of Shape Memory Alloys. / Duerig T.W. London u.a.: Butterworth-Heinemann, 1990, S. 181-194.

[20] Kisaichi, M.; Takahashi, Y.: Shape Memory Alloy and Its Uses. In: The Sumitomo Search (1989) Nr. 39, S. 155-166.

[21] Schmidt-Mende, P.; Reiß, H.-G.: Konstruktive Auslegung von Bauelementen aus Formgedächtnislegierungen. In: Konstruktionspraxis 22 (1992) Nr. 4, S. 76-82.

[22] Stöckel, D.: NiTi-Formgedächtnislegierungen – Intelligente Werkstoffe für moderne Problemlösungen. In: VDI Berichte Nr. 797, 1990, S. 203-216.

[23] Tautzenberger, P.; Stöckel, D.: Vergleich der Eigenschaften von Thermobimetallen und Memory-Elementen. In: Internationale Zeitschrift für Technik und Wirtschaft 41 (1987) Nr.1, S. 26-33.

[24] o.V.: Gesellschaft für Systemtechnik: Produktblatt. Essen, 1991 - Firmenschrift.

[25] o.V.: Advanced Materials and Technologies: Produktblatt. Herk-de-Stad, 1992 - Firmenschrift.

[26] o.V..: Deutscher Delphi-Bericht zur Entwicklung von Wissenschaft und Technik/BMFT. Bonn, 1993.

[27] Stöckel, D.: Formgedächtnis und Pseudoelastizität von Nickel-Titan-Legierungen. In: Metall 41 (1987) Nr. 5, S. 494-500.

[28] Melton, K.N.: Ni-Ti Based Shape Memory Alloys. In: Engineering Aspects of Shape Memory Alloys / Duerig T.W. London u.a.: Butterworth-Heinemann, 1990, S. 21-35.

[29] Miyazaki, S.: Thermal an Stress Cycling Effects and Fatigue Properties of Ni-Ti Alloys. In: Engineering Aspects of Shape Memory Alloys / Duerig T.W. London u.a.: Butterworth-Heinemann, 1990, S. 394-419.

[30] Moberly, W.; Melton, K.: Ni-Ti-Cu Shape Memory Alloys. In: Engineering Aspects of Shape Memory Alloys / Duerig T.W. London u.a.: Butterworth-Heinemann, 1990, S. 46-57.

[31] Wu, M.H.: Cu-Based Shape Memory Alloys.
In: Engineering Aspects of Shape Memory Alloys.
/ Duerig T.W. London u.a.: Butterworth-Heinemann, 1990,
S. 69-95.

[32] Stöckel, D.; u.a.: Legierungen mit Formgedächtnis. Ehningen: expert, 1988
(Kontakt & Studium; Bd. 259).

[33] Duerig, T.W.; Zadno, R.: An Engineer's Perspective of Pseudoelasticity.
In: Engineering Aspects of Shape Memory Alloys.
/ Duerig T.W. London u.a.: Butterworth-Heinemann, 1990,
S. 369-393.

[34] Walther, G.: Kunststoffe und Elastomere in Kraftfahrzeugen. Stuttgart
u.a.: Kohlhammer, 1985
(Kunststoffe und Elastomere in der Praxis).

[35] o.V. DIN 73411 02.1979: Schläuche für Kühlwasserleitungen:
Anforderungen, Maße, Prüfungen.

[36] Lindquist, P.G.; Wayman, C.M.: Shape Memory and Transformation Behaviour of
Martensitic Ti-Pd-Ni and Ti-Pt-Ni Alloys.
In: Engineering Aspects of Shape Memory Alloys.
/ Duerig T.W. London u.a.: Butterworth-Heinemann, 1990,
S. 58-68.

[37] Münich, W.: Die Martensitumwandlung von Indium-Thallium.
München, Techn. Univ., Diss., 1979.

[38] Jost, N.: Formgedächtnis - Nun auch in Stählen. In: Ingenieur-Werkstoffe 2 (1990) Nr. 7/8, S. 46-49.

[39] Hoffmann H.: Kreativitätstechniken für Manager. 2. Aufl. Landsberg am
Lech: Verlag Moderne Industrie, 1987.

[40] o.V.: Steuerung von Montagezellen/Arbeitsgemeinschaft
Prozeßperipherie im VDMA. Frankfurt: 1990.

[41] Lange, K.; u.a.: Umformtechnik: Handbuch für Industrie und Wissenschaft.
Hrsg.: K. Lange. Berlin; u.a.: Springer, 1990,
(Bd. 3. Blechbearbeitung).

[42] Lindley, P.B.: Engineering Design with Natural Rubber. The Malaysian Rubber Producers' Research Organisation. London: Hertford, 1974.

[43] Martin, H.; u.a.: Instationäre Wärmeleitung in ruhenden Körpern. In: VDI-Wärmeatlas. Düsseldorf: VDI-Verlag 1991, S. Ec1-Ec23.

[44] Heidemann, W.: Zur einfachen numerischen Berechnung instationärer Temperaturfelder im kartesischen- und Zylinderkoordinatensystem. In: Halbjahresbericht ITW, Universität Stuttgart, 1991, S. 34-46.

[45] Meuris, M.; Hornbogen, E.: Das Trainieren von Legierungen mit Formgedächtnis. In: Praktische Metallographie 22 (1991) Sonderbd., S. 393-402.

[46] Wellinger, K.; Dietmann, H: Festigkeitsberechnung: Grundlagen und technische Anwendung. 3., erw. Aufl. Stuttgart: Kröner, 1976.

[47] Proft, J.L.; Melton, K.N.; Duerig, T.W.: Transformational Cycling of NiTi and NiTiCu Shape Memory Alloys. In: International Meeting on Advanced Materials, San Francisco, 1989 / Materials Research Society, S. 159-164.

IPA Forschung und Praxis

Schriftenreihe aus dem Institut für Produktionstechnik und Automatisierung, Stuttgart

Herausgeber: Prof. Dr.-Ing. H. J. Warnecke

Datenerfassung im Produktionsbereich
Von E. Bendeich. ISBN 3-7830-0117-8.
1977, 176 Seiten, kartoniert. 54,— DM

Methodenauswahl für die Materialbewirtschaftung in Maschinenbau-Betrieben
Von H. Graf. ISBN 3-7830-0136-6.
1977, 144 Seiten, kartoniert. 54,— DM

Systematische Auswahl von Förderhilfsmitteln für den innerbetrieblichen Materialfluß
Von W. Rau. ISBN 3-7830-0139-0.
1977, 103 Seiten, kartoniert. 40,— DM

Grundlagen zur Planung von Ersatzteilfertigungen
Von E. Schulz. ISBN 3-7830-0138-2.
1977, 98 Seiten, kartoniert. 40,— DM

Rechnerunterstützte Fabrikplanung
Von B. Minten. ISBN 3-7830-0116-1.
1977, 124 Seiten, kartoniert. 38,— DM

Eine Planungsmethode für automatische Montagesysteme
Von H.-G. Löhr. ISBN 3-7830-0120-X.
1977, 108 Seiten, kartoniert. 32,— DM

Planung und Bewertung von Arbeitssystemen in der Montage
Von H. Metzger. ISBN 3-7830-0131-5.
1977, 108 Seiten, kartoniert. 40,— DM

Klassifizierungssystem für Prüfmittel der industriellen Längenprüftechnik
Von R. Czetto. ISBN 3-7830-0144-7.
1978, 181 Seiten, kartoniert. 64,— DM

Rechnerunterstützte Montageplanung
Von O. Hirschbach. ISBN 3-7830-0149-8.
1978, 146 Seiten, kartoniert. 52,— DM

Rechnerunterstützte Entwicklung von Simulationsmodellen für Unternehmensplanspiele
Von A. Moker. ISBN 3-7830-0147-1.
1978, 181 Seiten, kartoniert. 64,— DM

Arbeitsplatzanalysen zur Ermittlung der Einsatzmöglichkeiten und Anforderungen an Industrieroboter
Von G. Herrmann. ISBN 37830-0151-X.
1978, 113 Seiten, kartoniert. 40,— DM

MFSP — Ein Verfahren zur Simulation komplexer Materialflußsysteme
Von G. Stemmer. ISBN 3-7830-0118-8.
1977, 140 Seiten, kartoniert. 60,— DM

Berührungslose Erkennung durch Positionsbestimmung von Objekten durch inkohärent-optische Korrelation
Von M. König. ISBN 3-7830-0137-4.
1977, 110 Seiten, kartoniert. 40,— DM

Auslegung von Störungspuffern in kapitalintensiven Fertigungslinien
Von R. v. Stetten. ISBN 3-7830-0140-4.
1977, 154 Seiten, kartoniert. 56,— DM

Flexible Transportablaufsteuerung
Von G. Römer. ISBN 3-7830-0114-5.
1977, 188 Seiten, kartoniert. 60,— DM

Rechnergestützte Realplanung von Fabrikanlagen
Von T.-K. Sauter. ISBN 3-7830-0119-6.
1977, 108 Seiten, kartoniert. 32,— DM

Systematisches Auswählen und Konzipieren von programmierbaren Handhabungsgeräten
Von R. D. Schraft. ISBN 3-7830-0115-3.
1977, 108 Seiten, kartoniert. 32,— DM

Auslandsproduktion
Von W. Cypris. ISBN 3-7830-0145-5.
1978, 126 Seiten, kartoniert. 42,— DM

Wirtschaftlicher Einsatz von Mehrkoordinatenmeßgeräten
Von M. Dietzsch. ISBN 3-7830-0148-X.
1978, 142 Seiten, kartoniert. 52,— DM

Fertigungssteuerung bei flexiblen Arbeitsstrukturen
Von K.-G. Lederer. ISBN 3-7830-0146-3.
1978, 128 Seiten, kartoniert. 42,— DM

Untersuchungen zum Polieren und Entgraten durch elektrochemisches Oberflächenabtragen
Von K. Zerweck. ISBN 3-7830-0150-1.
1978, 110 Seiten, kartoniert. 40,— DM

Stufenweise Ableitung eines praktischen Planungssystems für den Entwicklungsbereich
Von R. Hichert. ISBN 3-7830-0149-8.
1978, 151 Seiten, kartoniert. 52,– DM

Produktionsplanung mit Auftragsfamilien
Von U. W. Geitner. ISBN 3-7830-0161.7.
1979, 110 Seiten, kartoniert. 45,– DM

Thermisch-chemisches Entgraten
Von T. Wagner. ISBN 3-7830-0164-1.
1979, 111 Seiten, kartoniert. 45,– DM

Untersuchung der Materialflußkosten bei ausgewählten Systemen der Zentralen Arbeitsverteilung
Von R. Wenzel. ISBN 3-7830-0162-5.
1979, 168 Seiten, kartoniert. 86,– DM

Anpassung und Einführung eines Planungssystems für die Ablaufplanung im Konstruktionsbereich
Von W. Dangelmaier. ISBN 3-7830-0163-3.
1979, 168 Seiten, kartoniert. 80,– DM

Längenmessungen an bewegten Teilen mit berührungslos wirkenden Aufnehmern
Von H. Lang. ISBN 3-7830-0157-9
1979, 89 Seiten, kartoniert. 42,– DM

Untersuchung multistabiler Strömungselemente und ihr Einsatz in sequentiellen Steuerungen
Von A. Ernst. ISBN 3-7830-0157-9.
1979, 122 Seiten, kartoniert. 48,– DM

Taktile Sensoren für programmierbare Handhabungsgeräte
Von M. Schweizer. ISBN 3-7830-0158-7.
1979, 91 Seiten, kartoniert. 42,– DM

Die rechnerunterstützte Prüfplanung
Von P. Blasing. ISBN 3-7830-0152-8.
1979, 100 Seiten, kartoniert. 44,– DM

Verfahren zur Fabrikplanung im Mensch-Rechner-Dialog am Bildschirm
Von W. Ernst. ISBN 3-7830-0156-0.
1979, 218 Seiten, kartoniert. 72,– DM

Rechnerunterstütztes Verfahren zur Leistungsabstimmung von Mehrmodell-Montagesystemen
Von M. Gorke. ISBN 3-7830-0155-2.
1979, 139 Seiten, kartoniert. 50,– DM

Standortbezogene Betriebsmittel
Von G. Pflieger. ISBN 3-7830-0167-6.
1979, 127 Seiten, kartoniert. 52,– DM

Die betriebswirtschaftliche Beurteilung neuer Arbeitsformen
Von B.-H. Zippe. ISBN 3-7830-0168-4.
1979, 350 Seiten, kartoniert. 98,– DM

Untersuchung des Arbeitsverhaltens programmierbarer Handhabungsgeräte
Von B. Brodbeck. ISBN 3-7830-0169-2.
1979, 117 Seiten, kartoniert. 48,– DM

Untersuchung eines kohärent-optischen Verfahrens zur Rauheitsmessung
Von N. Rau. ISBN 3-7830-0174-9
1979, 117 Seiten, kartoniert. 48,– DM

Entwicklung einer programmierbaren, pneumatischen Steuerung
Von D. Klemenz. ISBN 3-7830-0171-4.
1979, 93 Seiten, kartoniert. 42,– DM

PA Forschung und Praxis

erichte aus dem Fraunhofer-Institut für Produktionstechnik und
utomatisierung, Stuttgart, und dem Institut für Industrielle Fertigung
nd Fabrikbetrieb der Universität Stuttgart

Herausgeber: Prof. Dr.-Ing. H. J. Warnecke

Arbeitsgangterminierung mit variabel strukturierten Arbeitsplänen — Ein Beitrag zur Fertigungssteuerung flexibler Fertigungssysteme
Von U. Maier. ISBN 3-540-10213-2.
1980, 111 Seiten mit 45 Abbildungen. 43,— DM

Kapazitätsabgleich bei flexiblen Fertigungssystemen
Von P. S. Nieß. ISBN 3-540-10372-4.
1980, 151 Seiten mit 57 Abbildungen. 48,— DM

Schichtdickenverteilung auf galvanisierten Paßteilen am Beispiel kleiner abgesetzter Wellen und Bohrungen
Von D. Wolfhard. ISBN 3-540-10373-2.
1980, 177 Seiten mit 83 Abbildungen. 48,— DM

Planung von Mehrstellenarbeit unter Berücksichtigung von Umfeldaufgaben
Von S. Häußermann. ISBN 3-540-10374-0.
1980, 136 Seiten mit 59 Abbildungen. 48,— DM

Untersuchungen zur Schmierfilmdicke in Druckluftzylindern — Beurteilung der Abstreifwirkung und des Reibungsverhaltens von Pneumatikdichtungen mit Hilfe eines neu entwickelten Schmierfilmdicken-meßverfahrens
Von R. Kohnlechner. ISBN 3-540-10375-9.
1980, 100 Seiten mit 38 Abbildungen und 4 Tabellen. 43,— DM

Typologie zum überbetrieblichen Vergleich von Fertigungssteuerungsverfahren im Maschinenbau
Von G. Rabus. ISBN 3-540-10376-7.
1980, 174 Seiten mit 88 Abbildungen und 21 Tafeln. 48,— DM

System zur Planung des Umlaufbestandes in Betrieben mit Serienfertigung
Von K.-G. Wilhelm. ISBN 3-540-10377-5.
1980, 142 Seiten mit 67 Abbildungen und 15 Tafeln. 48,— DM

5 **Rechnerunterstützte Arbeitsplanerstellung mit Kleinrechnern, dargestellt am Beispiel der Blechbearbeitung**
Von W. Hoheisel. ISBN 3-540-10505-0.
1981, 169 Seiten mit 74 Abbildungen. 48,— DM

6 **Beitrag zur Verbesserung der Wirtschaftlichkeit EDV-unterstützter Fertigungssteuerungssysteme durch Schwachstellenanalyse**
Von J. Lienert. ISBN 3-540-10506-9.
1981, 148 Seiten mit 37 Abbildungen. 48,— DM

7 **Die Abscheidung von Öl an Entlüftungsöffnungen drucklufttechnischer Anlagen**
Von W.-D. Kiessling. ISBN 3-540-10604-9.
1981, 117 Seiten mit 48 Abbildungen und 3 Tabellen. 43,— DM

8 **Dynamische Optimierung technisch-ökonomischer Systeme**
Von J. Warschat. ISBN 3-540-10717-7.
1981, 132 Seiten mit 60 Abbildungen. 43,— DM

9 **Bildsensor zur Mustererkennung und Positionsmessung bei programmierbaren Handhabungsgeräten**
Von H. Geißelmann. ISBN 3-540-10735-5.
1981, 125 Seiten mit 52 Abbildungen. 43,— DM

0 **Verfügbarkeitsberechnung für komplexe Fertigungseinrichtungen**
Von Ekkehard Gericke. ISBN 3-540-10779-7.
1981, 132 Seiten mit 71 Abbildungen. 43,— DM

1 **Materialflußgestaltung in Fertigungssystemen**
Von Willi Rößner. ISBN 3-540-10888-2.
1981, 149 Seiten mit 76 Abbildungen. 48,— DM

2 **Beitrag zur Analyse der Auswirkungen der Mikroelektronik, dargestellt am Beispiel der Büromaschinen-Industrie**
Von Werner Neubauer. ISBN 3-540-10991-9.
1981, 145 Seiten mit 27 Abbildungen und 47 Tabellen. 43,— DM

3 **Modelle von Informationssystemen zur kurzfristigen Fertigungssteuerung und ihre Gestaltung nach betriebsspezifischen Gesichtspunkten**
Von Roland Gentner. ISBN 3-540-10992-7.
1981, 181 Seiten mit 69 Abbildungen und 7 Tabellen. 48,— DM

54 **Entwicklung von Verfahren zur Terminplanung und -steuerung bei flexiblen Montagesystemen**
Von Jürgen H. Kolle. ISBN 3-540-11227-8.
1981, 132 Seiten mit 64 Abbildungen und 1 Faltplan. 43,— DM

55 **Arbeits- und Kapazitätsteilung in der Montage**
Von Stefan Dittmayer. ISBN 3-540-11228-6.
1981, 124 Seiten und 56 Abbildungen. 43,— DM

56 **Beitrag zur systematischen Planung der Qualitätsprüfung bei Klein- und Mittelserienfertigung**
Von Herbert Babic. ISBN 3-540-11325-8
1982, 108 Seiten mit 38 Abbildungen und 7 Tabellen. 53,— DM

57 **Methode zur rechnerunterstützten Einsatzplanung von programmierbaren Handhabungsgeräten**
Von Uwe Schmidt-Streier. ISBN 3-540-11355-X.
1982, 188 Seiten mit 72 Abbildungen. 53.–

58 **Werkstoff- und Energiekennwerte industrieller Lackieranlagen, am Beispiel der Automobilindustrie**
Von Rainer Manfred Thiel. ISBN 3-540-11356-8.
1982, 116 Seiten mit 59 Abbildungen. 53.–

59 **Maßnahmen zum Verbessern der pneumatischen Lackzerstäubung – Teilchengrößenbestimmung im Spritzstrahl –**
Von Klaus Werner Thomer. ISBN 3-540-11507-2.
1982, 162 Seiten mit 94 Abbildungen und 1 Tabelle. 53.–

60 **Ermittlung und Bewertung von Rationalisierungsmaßnahmen im Produktionsbereich**
Von Jürgen Schilde. ISBN 3-540-11730-X.
1982, 158 Seiten mit 57 Abbildungen. 53.–

61 **Untersuchung von Verfahren der Reihenfolgeplanung und ihre Anwendung bei Fertigungszellen**
Von Mohamed Osman. ISBN 3-540-11747-4.
1982, 124 Seiten mit 32 Abbildungen und 3 Tabellen. 53.–

62 **Ein Simulationsmodell zur Planung gruppentechnologischer Fertigungszellen**
Von Volker Saak. ISBN 3-540-11747-4.
1982, 134 Seiten mit 53 Abbildungen. 53.–

63 **Verfahren zur technischen Investitionsplanung automatisierter Fertigungsanlagen**
Von Günter Vettin. ISBN 3-540-11747-4.
1982, 134 Seiten mit 63 Abbildungen. 53.–

64 **Pneumatische Sensoren zur prozeßsimultanen Messung des Werkzeugverschleißes und zur Kollisionsvermeidung beim Messerkopffräsen**
Von Wolfgang Jentner. ISBN 3-540-11747-4.
1982, 126 Seiten mit 47 Abbildungen und 6 Tabellen. 53.–

65 **Rechnerunterstützte Gestaltung ortsgebundener Montagearbeitsplätze, dargestellt am Beispiel kleinvolumiger Produkte**
Von Eberhard Haller. ISBN 3-540-12015-7.
1982, 130 Seiten mit 43 Abbildungen. 53.–

66 **Fernsehüberwachung von Schutzgasschweißvorgängen mit abschmelzender Elektrode MIG – MAG**
Von Ruprecht Niepold. ISBN 3-540-12181-7.
1983, 178 Seiten mit 73 Abbildungen und 5 Tabellen. 58.–

67 **Entwicklung flexibler Ordnungssysteme für die Automatisierung der Werkstückhandhabung in der Klein- und Mittelserienfertigung**
Von Karl Weiss. ISBN 3-540-12455-1.
1983, 116 Seiten mit 68 Abbildungen. 58.–

68 **Automatisierte Überwachungsverfahren für Fertigungseinrichtungen mit speicherprogrammierten Steuerungen**
Von Werner Eißler. ISBN 3-540-12456-X.
1983, 128 Seiten mit 66 Abbildungen. 58.–

69 **Prozeßüberwachung beim Galvanoformen**
Von Jürgen Wilhelm Böcker. ISBN 3-540-12457-8.
1983, 118 Seiten mit 32 Abbildungen. 58.–

70 **LAPEX – Ein rechnerunterstütztes Verfahren zur Betriebsmittelzuordnung**
Von Stephan Mayer. ISBN 3-540-12490-X.
1983, 162 Seiten mit 34 Abbildungen und 2 Tabellen. 58.–

71 **Gestaltung eines integrierten Produktionssystems für die Sortenfertigung unter Einsatz der Clusteranalyse**
Von Gerald Weber. ISBN 3-540-12650-3.
1983, 194 Seiten mit 54 Abbildungen. 58.–

72 **Gußputzen mit sensorgeführten, programmierbaren Handhabungsgeräten**
Von Eberhard Abele. ISBN 3-540-12651-1.
1983, 133 Seiten mit 66 Abbildungen. 58,–

73 **Untersuchungen zur Herstellung und zum Einsatz galvanogeformter Erodierelektroden**
Von Harald Müller. ISBN 3-540-12822-0.
1983, 148 Seiten mit 78 Abbildungen. 58,–

74 **Ein Beitrag zur Optimierung der Prozeßführungsstrategien automatisierter Förder- und Materialflußsysteme**
Von Hans Steffens. ISBN 3-540-12968-5.
1983. 161 Seiten mit 60 Abbildungen. 58,–

75 **Entwicklung eines Verfahrens zur wertmäßigen Bestimmung der Produktivität und Wirtschaftlichkeit von Personalentwicklungsmaßnahmen in Arbeitsstrukturen**
Von Christian Müller. ISBN 3-540-13041-1.
1983. 129 Seiten mit 34 Abbildungen. 58,–

76 **Berechnung der Gestaltänderung von Profilen infolge Strahlverschleiß**
Von Wolfgang Marx. ISBN 3-540-13054-3.
1983. 121 Seiten mit 58 Abbildungen. 58,–

77 **Algorithmen zur flexiblen Gestaltung der kurzfristigen Fertigungssteuerung**
Von Rudolf E. Scheiber. ISBN 3-540-13500-6.
1984, 150 Seiten mit 73 Abbildungen und 1 Tabelle. 63.–

78 **Galvanisieren mit moduliertem Strom**
Von Jürgen Wolfgang Mann. ISBN 3-540-13733-5.
1984, 145 Seiten und 58 Abbildungen. 63,–

79 **Fluoreszenzmeßverfahren zur Schmierfilmdickenmessung in Wälzlagern**
Von Wolfgang Schmutz. ISBN 3-540-13777-7.
1984, 141 Seiten und 66 Abbildungen. 63,–

IPA-IAO Forschung und Praxis

Berichte aus dem Fraunhofer-Institut für Produktionstechnik und Automatisierung (IPA), Stuttgart, Fraunhofer-Institut für Arbeitswirtschaft und Organisation (IAO), Stuttgart, und Institut für Industrielle Fertigung und Fabrikbetrieb der Universität Stuttgart

Herausgeber: Prof. Dr.-Ing. H. J. Warnecke und Prof. Dr.-Ing. H.-J. Bullinger

---

0 **Flexibilität und Kapazität von Werkstückspeichersystemen**
Von Bernhard Graf. ISBN 3-540-13970-2.
1984, 115 Seiten mit 71 Abbildungen. 63,– DM

1 **Flexible Fertigungssysteme**
17. IPA-Arbeitstagung zusammen mit der 3. Internationalen Konferenz „Flexible Manufacturing Systems (FMS-3)“. ISBN 3-540-13807-2.
1984, 249 Seiten mit zahlreichen Abbildungen. 118,– DM

T2 **Integrierte Bürosysteme**
3. IAO-Arbeitstagung. ISBN 3-540-13978-8.
1984, 633 Seiten mit zahlreichen Abbildungen. 168,– DM

31 **Rechnerunterstützte Planung von Montageablaufstrukturen für Erzeugnisse der Serienfertigung**
Von Ernst-Dieter Ammer. ISBN 3-540-15056-0.
1985, 120 Seiten mit 1 Faltblatt und 33 Abbildungen. 63,– DM

32 **Flexibilität von personalintensiven Montagesystemen bei Serienfertigung**
Von Heinrich Vähning. ISBN 3-540-15093-5.
1985, 152 Seiten mit 49 Abbildungen. 63,– DM

83 **Ordnen von Werkstücken mit programmierbaren Handhabungsgeräten und Werkstückerkennungssensoren**
Von Ingo Schmidt. ISBN 3-540-15375-6.
1985, 111 Seiten mit 66 Abbildungen. 63,– DM

84 **Systematische Investitionsplanung**
Von Jorge Moser. ISBN 3-540-15370-5.
1985, 190 Seiten mit 69 Abbildungen. 63,– DM

T3 **Montage · Handhabung · Industrieroboter**
Internationaler MHI-Kongreß im Rahmen der Hannover-Messe '85. ISBN 3-540-15500-7.
1985, 267 Seiten mit zahlreichen Abbildungen. 128,– DM

85 **Flexible Montagesysteme – Konzeption und Feinplanung durch Kombination von Elementen**
Von Peter Konold / Bernd Weller. ISBN 3-540-15606-2.
1985, 162 Seiten mit 71 Abbildungen und 9 Tabellen. 63,– DM

T4 **Menschen · Arbeit · Neue Technologien**
4. IAO-Arbeitstagung zusammen mit der 2. Internationalen Konferenz „Human Factors in Manufacturing“. ISBN 3-540-15763-8.
1985, 442 Seiten mit zahlreichen Abbildungen. 168,– DM

86 **Leitstandunterstützte kurzfristige Fertigungssteuerung bei Einzel- und Kleinserienfertigung**
Von Lothar Aldinger. ISBN 3-540-15903-7.
1985, 151 Seiten mit 49 Abbildungen und 2 Tabellen. 63,– DM

87 **Bestimmen des Bürstenverhaltens anhand einer Einzelborste**
Von Klaus Przyklenk. ISBN 3-540-15956-8.
1985, 117 Seiten mit 74 Abbildungen. 63,– DM

88 **Montage großvolumiger Produkte mit Industrierobotern**
Von Jörg Walther. ISBN 3-540-16027-2.
1985, 125 Seiten mit 58 Abbildungen. 63,– DM

89 **Algorithmen und Verfahren zur Erstellung innerbetrieblicher Anordnungspläne**
Von Wilhelm Dangelmaier. ISBN 3-540-16144-9.
1986, 268 Seiten mit 79 Abbildungen. 68,– DM

90 **Bewertung der Instandhaltung von Fertigungssystemen in der technischen Investitionsplanung**
Von Hagen U. Uetz. ISBN 3-540-16166-X.
1986, 129 Seiten mit 38 Abbildungen. 68,– DM

91 **Entgraten durch Hochdruckwasserstrahlen**
Von Manfred Schlatter. ISBN 3-540-16172-4.
1986, 167 Seiten mit 89 Abbildungen und 18 Tabellen. 68,– DM

92 **Werkstückorientierte Verfahrensauswahl zum Gußputzen mit Industrierobotern**
Von Wolfgang Sturz. ISBN 3-540-16224-0.
1986, 156 Seiten mit 59 Abbildungen. 68,– DM

93 **Verfahren zur Verringerung von Modell-Mix-Verlusten in Fließmontagen**
Von Reinhard Koether. ISBN 3-540-16499-5.
1986, 175 Seiten mit 46 Abbildungen und 1 Tabelle. 68,– DM

94 **Entwicklung und Einsatz eines interaktiven Verfahrens zur Leistungsabstimmung von Montagesystemen**
Von Günter Schad. ISBN 3-540-16978-4.
1986, 120 Seiten mit 31 Abbildungen und 1 Tabelle. 68,– DM

95 **Qualifizierung an Industrierobotern**
Von Wolfgang Bachl. ISBN 3-540-17018-9.
1986, 218 Seiten mit 30 Abbildungen. 68,– D

96 **Rechnersimulation des Beschichtungsprozesses beim Elektrotauchlackieren – Anwendung zum Berechnen des Umgriffs**
Von Otto Baumgärtner. ISBN 3-540-17102-9.
1986, 113 Seiten mit 42 Abbildungen. 68,– D

97 **Ergonomische Gestaltung von Rotationsstellteilen für grob- und sensomotorische Tätigkeiten**
Von Werner F. Muntzinger. ISBN 3-540-17247-5.
1986, 135 Seiten mit 51 Abbildungen und 33 Tabellen. 68,– D

98 **Die optische Rauheitsmessung in der Qualitätstechnik**
Von R.-J. Ahlers. ISBN 3-540-17242-4.
1986, 133 Seiten mit 56 Abbildungen und 2 Tabellen. 68,– D

99 **Maschinelle Spracherkennung zur Verbesserung der Mensch-Maschine-Schnittstelle**
Von Gerhard Rigoll. ISBN 3-540-17350-1.
1986, 134 Seiten mit 55 Abbildungen. 68,– D

100 **Konzeption und Auswahl modularer Magazinpaletten**
Von Thomas Zipse. ISBN 3-540-17584-9.
1987, 126 Seiten mit 54 Abbildungen. 68,– D

101 **Anschlüsse an Kupferrohre – Herstellung und Automatisierungsmöglichkeit**
Von Eberhard Rauschnabel. ISBN 3-540-17807-4.
1987, 120 Seiten mit 88 Abbildungen. 68,– D

102 **Mengen- und ablauforientierte Kapazitätsplanung von Montagesystemen**
Von Hans Sauer. ISBN 3-540-17815-5.
1987, 156 Seiten mit 64 Abbildungen. 68,– D

103 **Verfahrensinstrumentarium zur Werkstückauswahl und Auslegung von Industrieroboterschweißsystemen**
Von Herbert Gzik. ISBN 3-540-17928-3.
1987, 138 Seiten mit 56 Abbildungen. 68,– D

104 **Integration von Förder- und Handhabungseinrichtungen**
Von Joachim Schuler. ISBN 3-540-17955-0.
1987, 153 Seiten mit 61 Abbildungen. 68,– D

105 **Produktionsmengen- und -terminplanung bei mehrstufiger Linienfertigung**
Von H. Kühnle. ISBN 3-540-18038-9.
1987, 124 Seiten mit 25 Abbildungen. 68,– D

106 **Untersuchung des Plasmaschneidens zum Gußputzen mit Industrierobotern**
Von Jong-Oh Park. ISBN 3-540-18037-0.
1987, 142 Seiten mit 70 Abbildungen. 68,– D

107 **Fügen von biegeschlaffen Steckkontakten mit Industrierobotern**
Von Daegab Gweon. ISBN 3-540-18134-2.
1987, 115 Seiten mit 13 Abbildungen. 68,– D

108 **Entwicklung eines biomechanischen Modells des Hand-Arm-Systems**
Von Georgios Tsotsis. ISBN 3-540-18135-0.
1987, 163 Seiten mit 45 Abbildungen. 68,– D

109 **Ein Beitrag zur Planungssystematik für die automatisierte flexible Blechteilefertigung**
Von Thomas Weber. ISBN 3-540-18136-9.
1987, 149 Seiten mit 56 Abbildungen. 68,– D

110 **Entwicklung eines Meßverfahrens zur Bestimmung des Positionier- und Orientierungsverhaltens von Industrierobotern**
Von Günter Schiele. ISBN 3-540-18137-7.
1987, 116 Seiten mit 48 Abbildungen. 68,– D

111 **Schwingungsbelastung beim Arbeiten mit handgeführten, einachsigen Motormähgeräten**
Von Peter Kern. ISBN 3-540-18193-8.
1987, 145 Seiten mit 43 Abbildungen und 5 Tabellen. 68,– D

112 **Entwicklung eines berührungslosen Tastsystems für den Einsatz an Koordinatenmeßgeräten**
Von Hie-Sik Kim. ISBN 3-540-18578-X.
1987, 111 Seiten mit 62 Abbildungen und 4 Tabellen. 68,– DM

113 **Qualifizierung an Industrierobotern – Ziele, Inhalte und Methoden**
Von Volker Korndörfer. ISBN 3-540-18618-2.
1987, 318 Seiten mit 100 Abbildungen. 68,– DM

114 **Funktional und räumlich variables und modulares Laborgerätesystem**
Von Alfred Mack. ISBN 3-540-18786-3.
1988, 116 Seiten mit 39 Abbildungen. 73,– DM

115 **Produktrecycling im Maschinenbau**
Von Rolf Steinhilper. ISBN 3-540-18849-5.
1988, 167 Seiten mit 50 Abbildungen. 73,– DM

116 **Integration der montagegerechten Produktgestaltung in den Konstruktionsprozeß**
Von Rudolf Bäßler. ISBN 3-540-19058-9.
1988, 133 Seiten mit 49 Abbildungen. 73,– DM

117 **Ein Algorithmus zur kapazitätsorientierten Bildung von Losen**
Von Tilmann Greiner. ISBN 3-540-19300-6.
1988, 135 Seiten mit 37 Abbildungen. 73,– DM

8 **Kabelbaummontage mit Industrierobotern**
Von Gerd Schlaich. ISBN 3-540-19301-4.
1988, 131 Seiten mit 62 Abbildungen. 73,– DM

9 **Beitrag zur Verbesserung der Fertigungskostentransparenz bei Großserienfertigung mit Produktvielfalt**
Von Albrecht Köhler. ISBN 3-540-19393-6.
1988, 148 Seiten mit 72 Abbildungen. 73,– DM

0 **Entwicklungs- und Planungshilfen zum Aufbau von flexiblen Ordnungssystemen**
Von Rainer Schanz. ISBN 3-540-19394-4.
1988, 104 Seiten mit 48 Abbildungen. 73,– DM

1 **Bestücken von Leiterplatten mit Industrierobotern**
Von Ernst Wolf. ISBN 3-540-50013-8.
1988, 132 Seiten mit 63 Abbildungen. 73,– DM

2 **Verschleißvorgänge beim Querschneiden dünner Bahnen**
Von Thomas Hülsmann. ISBN 3-540-50049-9.
1988, 126 Seiten mit 47 Abbildungen und 5 Tabellen. 73,– DM

3 **Geometrieprüfung in der Fertigungsmeßtechnik mit bildverarbeitenden Systemen**
Von Claus P. Keferstein. ISBN 3-540-50050-2.
1988, 128 Seiten mit 53 Abbildungen. 73,– DM

24 **Modulares Simulationsmodell für die Abläufe in verketteten Fertigungszellen mit Industrierobotern**
Von Kum-Hoan Kuk. ISBN 3-540-50069-3.
1988, 130 Seiten mit 57 Abbildungen. 73,– DM

25 **Montage von Schläuchen mit Industrierobotern**
Von Bruno Frankenhauser. ISBN 3-540-50072-3.
1988, 139 Seiten mit 63 Abbildungen. 73,– DM

26 **Kommissioniersystem mit Roboter und Mehrstückgreifer**
Von Klaus Baumeister. ISBN 3-540-50133-9.
1988, 104 Seiten mit 53 Abbildungen. 73,– DM

27 **Sensorunterstütztes Programmierverfahren für das Entgraten mit Industrierobotern**
Von Dieter Boley. ISBN 3-540-50175-4.
1988, 128 Seiten mit 67 Abbildungen. 73,– DM

28 **Die Arbeitsraumgestaltung manueller Montagearbeitsplätze mit graphischen und wissensbasierten Methoden**
Von Klaus Lay. ISBN 3-540-50259-9.
1988, 129 Seiten mit 50 Abbildungen und 7 Tabellen. 73,– DM

29 **Automatisierung des Biegerichtens**
Von Stefan Thiel. ISBN 3-540-50432-X.
1988, 142 Seiten mit 57 Abbildungen und 5 Tabellen. 73,– DM

30 **Rechnergestützte Verfahren zur Auslegung der Mechanik von Industrierobotern**
Von Martin-Christoph Wanner. ISBN 3-540-50640-3.
1989, 202 Seiten mit 80 Abbildungen. 73,– DM

31 **Entwicklung eines bestandsorientierten Fertigungssteuerungssystems für die Großserienfertigung am Beispiel des Automobilbaus**
Von G. Hachtel. ISBN 3-540-50639-X.
1989, 163 Seiten mit 34 Abbildungen und 6 Tabellen. 73,– DM

132 **Ergonomische Gestaltung der Benutzerschnittstelle am Antriebssystem des Greifreifenrollstuhls**
Von Ludwig Traut. ISBN 3-540-50877-5.
1989, 210 Seiten mit 127 Abbildungen. 73,– DM

133 **Planung taktzeitoptimierter flexibler Montagestationen**
Von Joachim Schöninger. ISBN 3-540-50896-1.
1989, 122 Seiten mit 47 Abbildungen. 73,– DM

134 **Ein Modell für ein integriertes Qualitäts- und Prüfplanungssystem in der Montage**
Von Josef R. Kring. ISBN 3-540-51195-4.
1989, 140 Seiten mit 60 Abbildungen. 73,– DM

135 **Fertigungsstrukturierung auf der Basis von Teilefamilien**
Von Manfred Auch. ISBN 3-540-51290-X.
1989, 138 Seiten mit 34 Abbildungen. 73,– DM

136 **Kollisionsbehandlung als Grundbaustein eines modularen Industrieroboter-Off-line-Programmiersystems**
Von Andreas Altenhein. ISBN 3-540-51418-X.
1989, 129 Seiten mit 53 Abbildungen. 73,– DM

137 **Ein Beitrag zur Planung und Bewertung Neuer Arbeitsstrukturen in NE-Metallgießereien Dargestellt am Beispiel der Fertigungsinsel**
Von Horst Nespeta. ISBN 3-540-51419-8.
1989, 157 Seiten mit 58 Abbildungen. 73,– DM

138 **Verfahren zur Prüfung der Partikelkontamination in Versorgungssystemen für hochreine Flüssigkeiten**
Von Rolf Herz. ISBN 3-540-51457-0.
1989, 123 Seiten mit 61 Abbildungen. 73,– DM

139 **Messung gekrümmter Flächen mit berührungslosen Verfahren**
Von Leo Schreiber. ISBN 3-540-51493-7.
1989, 119 Seiten mit 72 Abbildungen. 73,– DM

140 **Automatisiertes Lackieren mit steuerbaren Spritzpistolen**
Von Konrad A. Ortlieb. ISBN 3-540-51518-6.
1989, 121 Seiten mit 45 Abbildungen. 73,– DM

141 **Grundlagen zur Entwicklung reinraumtauglicher Handhabungssysteme**
Von Jürgen Geißinger. ISBN 3-540-51959-9.
1989, 124 Seiten mit 82 Abbildungen. 73,–

142 **CAD-Video-Somatographie**
Entwicklung und Bewertung einer Methode zur anthropometrischen Arbeitsgestaltung
Von Dieter Lorenz. ISBN 3-540-52163-1.
1989, 169 Seiten mit 61 Abbildungen. 73,–

143 **Eine Systemarchitektur für die Gestaltung und das Management verteilter Informationssysteme**
Von Andreas J. Ness. ISBN 3-540-52224-7.
1990, 203 Seiten mit 62 Abbildungen. 78,–

144 **Untersuchungen über den optisch-physiologischen Eindruck der Oberflächenstruktur von Lackfilmen**
Von Horst Schene. ISBN 3-540-52226-3.
1990, 149 Seiten mit 106 Abbildungen. 78,–

145 **Planungsmethodik für ein Qualitätskostensystem**
Von Alfred Rauba. ISBN 3-540-52477-0.
1990, 166 Seiten mit 73 Abbildungen. 78,–

146 **Kleinserienbestückung von Leiterplatten mit bedrahteten Bauelementen durch Industrieroboter**
Von Martin Domm. ISBN 3-540-52867-9.
1990, 106 Seiten mit 48 Abbildungen. 78,–

147 **Sensor- und Steuerungssystem für die leitlinienlose Führung automatischer Flurförderzeuge**
Von Gerhard Drunk. ISBN 3-540-53033-9.
1990, 135 Seiten mit 52 Abbildungen. 78,–

148 **Ein System zur wissensbasierten Diagnose an CNC-Werkzeugmaschinen durch den Maschinenbediener**
Von Klaus-Peter Fähnrich. ISBN 3-540-53034-7.
1990, 132 Seiten mit 48 Abbildungen und 18 Tabellen. 78,–

149 **Werkstückbegleitender Informationsspeicher als Basis für ein informationstechnisches Konzept für Halbleiterfertigungen**
Von Klaus-Dieter Sauter. ISBN 3-540-53236-6.
1990, 115 Seiten mit 55 Abbildungen. 78,–

150 **Ein Planungsverfahren zur Erkennung und Bewältigung von Material- und Kapazitätsengpässen bei mehrstufiger Linienfertigung**
Von Ralf-Michael Fuchs. ISBN 3-540-53271-4.
1990, 176 Seiten mit 65 Abbildungen. 78,–

151 **Montage von Schrauben mit Industrierobotern**
Von Gernot E. Fischer. ISBN 3-540-53519-5.
1990, 97 Seiten mit 37 Abbildungen. 78,–

152 **Flächenorientierte Termin- und Kapazitätsplanung bei innerbetrieblicher Baustellenfertigung**
Von Rolf Schlauch. ISBN 3-540-53584-5.
1990, 130 Seiten mit 53 Abbildungen. 78,–

153 **Wissensbasierte Entscheidungsunterstützung bei der Auswahl von Industrierobotern**
Von Günter Jordan. ISBN 3-540-53744-9.
1991, 116 Seiten mit 49 Abbildungen. 78,–

154 **Simulationssystem für Fertigungsprozesse mit Stückgutcharakter**
Ein gegenstandsorientiertes System mit parametrisierter Netzwerkmodellierung
Von Bernd-Dietmar Becker. ISBN 3-540-53847-X.
1991, 162 Seiten mit 48 Abbildungen und 47 Tabellen. 78,–

155 **Algorithmen der Sprachverarbeitung zur Entwicklung eines vollsynthetischen Sprachausgabesystems**
Von Gerhard Rigoll. ISBN 3-540-53870-4.
1991, 321 Seiten mit 235 Abbildungen. 78,–

156 **Wissensbasierte CAD-Systemkomponente zum Entwurf montagegerechter Produkte**
Von Ralph Richter. ISBN 3-540-54725-8.
1991, 137 Seiten mit 56 Abbildungen. 78,–

157 **Heftschweißverfahren für das Lagefixieren von Werkstücken beim Schutzgasschweißen mit Industrierobotern**
Von Carsten Martin Claussen. ISBN 3-540-54951-X.
1991, 140 Seiten mit 43 Abbildungen. 78,–

158 **Ein Beitrag zur Meßdatenverarbeitung in der Koordinatenmeßtechnik**
Von Thomas Garbrecht. ISBN 3-540-55030-5.
1991, 135 Seiten mit 94 Abbildungen und 5 Tabellen. 78,–

159 **Ein Beitrag zur Planung und Optimierung der Verfahrensteilung in der Fertigung**
Von Hans-Peter Roth. ISBN 3-540-55113-1.
1992, 130 Seiten mit 50 Abbildungen. 78,–

160 **Flexible Montage von Leitungssätzen mit Industrierobotern**
Von Herbert H. Emmerich ISBN 3-540-55227-8.
1992, 135 Seiten mit 70 Abbildungen. 88,–

161 **Toleranzausgleichssysteme für Industrieroboter am Beispiel des feinwerktechnischen Bolzen-Loch-Problems**
Von Uwe Schweigert ISBN 3-540-55228-6.
1992, 119 Seiten mit 61 Abbildungen. 88,–

162 **Entwicklung eines interaktiven Simulators auf der Basis von Petri-Netzen zur Modellierung und Bewertung hybrider Montagestrukturen**
Von W. Schweizer ISBN 3-540-55229-4.
1992, 159 Seiten mit 76 Abbildungen. 88,–

3 **Entwicklung eines Verfahrens zur rechnerunterstützten Gestaltung verteilter Informationssysteme**
Von Friedemann Reim ISBN 3-540-55269-3.
1992, 151 Seiten mit 43 Abbildungen. 88,– DM

4 **EDV-gestützte Planungs- und Entscheidungshilfen zur Auslegung von Produktionsstrukturen mit strukturkostenoptimierten Dezentralen Verantwortungsbereichen**
Von Ulrich Hallwachs ISBN 3-540-55477-7.
1992, 186 Seiten mit 66 Abbildungen. 88,– DM

5 **Strömungstechnische Auslegung reinraumtauglicher Fertigungseinrichtungen**
Von Elmar Degenhart ISBN 3-540-55478-5.
1992, 137 Seiten mit 72 Abbildungen. 88,– DM

6 **Synthese und Simulation dreidimensionaler Hand-Arm-Bewegungen an manuellen Montagearbeitsplätzen**
Von Raimund Menges ISBN 3-540-55752-0.
1992, 215 Seiten mit 70 Abbildungen. 88,– DM

7 **Bewertung inhomogener fraktaler Strukturen und Skalenanalyse von Texturen**
Von Uwe Müssigmann ISBN 3-540-55796-2.
1992, 99 Seiten mit 43 Abbildungen. 88,– DM

8 **Ein Informationssystem für Instandhaltungsleitstellen**
Von Wilfried Sihn ISBN 3-540-55853-5.
1992, 167 Seiten mit 67 Abbildungen. 88,– DM

9 **Verfahren zum automatischen Palettieren von quaderförmigen Packstücken im beliebigen Sortenmix**
Von Walter Michael Strommer ISBN 3-540-55922-1.
1992, 105 Seiten mit 47 Abbildungen. 88,– DM

0 **Planung der Kinematik von Industrierobotersystemen zum Schutzgasschweißen im Schiffbau**
Von Wolfgang Utner ISBN 3-540-55923-X.
1992, 134 Seiten mit 31 Abbildungen und 3 Tabellen. 88,– DM

1 **Montage von Pressverbindungen mit Industrierobotern**
Von Günther Würtz ISBN 3-540-56300-8.
1992, 124 Seiten mit 55 Abbildungen. 88,– DM

2 **Rationalisierungspotential der montagegerechten Produktgestaltung bei der Montage mit Industrierobotern**
Von Thomas Schmaus ISBN 3-540-56400-4.
1992, 122 Seiten mit 55 Abbildungen. 88,– DM

3 **Erhöhung der Variantenflexibilität in Mehrmodell-Montagesystemen durch ein Verfahren zur Leistungsabstimmung**
Von Felix Fremerey ISBN 3-540-56549-3.
1993, 150 Seiten mit 38 Abbildungen und 6 Tabellen. 88,– DM

4 **Automatische Montage von O-Ringen**
Von Johannes F. Wößner ISBN 3-540-56657-0.
1993, 94 Seiten mit 43 Abbildungen. 88,– DM

5 **Systeme kombinierter multimodaler Mensch-Rechner-Interaktionen**
Von Karl-Heinz Hanne ISBN 3-540-56687-2.
1993, 131 Seiten mit 46 Abbildungen. 88,– DM

6 **Regelbasiertes Verfahren zur Montageablaufplanung in der Serienfertigung**
Von Klaus Thaler ISBN 3-540-56829-8.
1993, 132 Seiten mit 63 Abbildungen. 88,– DM

7 **Rechnergestütztes Bediensystem für einen Telemanipulator zur Sanierung von gemauerten Abwasserkanälen**
Von Kurt Alexander Schließmann ISBN 3-540-56875-1.
1993, 135 Seiten mit 57 Abbildungen und 7 Tabellen. 88,– DM

8 **Konturantastende und optoelektronische Koordinatenmeßgeräte für den industriellen Einsatz**
Von Wolfgang Rauh ISBN 3-540-56876-X.
1993, 124 Seiten mit 43 Abbildungen. 88,– DM

79 **Konzeption für ein Sensor- und Steuerungssystem zur automatischen Führung eines Walzenschrämladers entlang der Grenzlinie von Kohle und Nebengestein**
Von Stephan Matthias Forster ISBN 3-540-57159-0.
1993, 147 Seiten mit 63 Abbildungen. 88,– DM

80 **Ein dreidimensionales Bildverarbeitungssystem für die Automatisierung visueller Prüfvorgänge**
Von Jianzhong Lu ISBN 3-540-57160-4.
1993, 113 Seiten mit 45 Abbildungen und 2 Tabellen. 88,– DM

81 **Erschließung technischer und organisatorischer Potentiale durch die Komplettbearbeitung auf Drehmaschinen mit Hilfe der Teileanalyse**
Von Helmut Schaal ISBN 3-540-57212-0.
1993, 126 Seiten mit 42 Abbildungen und 2 Tabellen. 88,– DM

82 **Prüfverfahren zur Untersuchung der Partikelreinheit technischer Oberflächen**
Von Bernhard Klumpp ISBN 3-540-57302-X.
1993, 108 Seiten mit 50 Abbildungen. 88,– DM

83 **Automatisierung der Justage von Drehankerrelais**
Von G. Krüll ISBN 3-540-57303-8.
1993, 113 Seiten mit 59 Abbildungen. 88,– DM

84 **Prozeßstrukturen der chemischen Vernickelung**
Von Hans Gut ISBN 3-540-57304-6.
1993, 108 Seiten mit 37 Abbildungen und 5 Tabellen. 88,– DM

185 **Ein Verfahren zur Konstruktion anwendungoptimierter Ultraschallsensoren auf der Basis von Schallkanälen**
Von Achim Langen ISBN 3-540-57376-3.
1993, 140 Seiten mit 72 Abbildungen. 88,–

186 **Ein rechnerunterstütztes System für die technische Dokumentation und Übersetzung**
Von Renate Mayer ISBN 3-540-57409-3.
1993, 126 Seiten mit 59 Abbildungen. 88,–

187 **Theoretische und experimentelle Untersuchungen an dreidimensionalen Wirbelströmungen für industrielle Absauganlagen**
Von Wolf-Jürgen Denner ISBN 3-540-57410-7.
1993, 141 Seiten mit 78 Abbildungen und 10 Tabellen. 88,–

188 **Planungsmethodik für den Aufbau von Qualitätssicherungssystemen in kleinen und mittleren Produktionsunternehmen**
Von Rainer Hummel ISBN 3-540-57727-0.
1993, 221 Seiten mit 114 Abbildungen und 6 Tabellen. 88,–

189 **Plasmamodifikation von Kunststoffoberflächen zur Haftfestigkeitssteigerung von Metallschichten**
Von Dieter Andreas Mann ISBN 3-540-57745-9.
1994, 133 Seiten mit 83 Abbildungen und 6 Tabellen. 88,–

190 **Softwareentwicklung für speicherprogrammierbare Steuerungen im integrierten, rechnergestützten Konstruktionsprozeß**
Von Kornelius Hengel ISBN 3-540-57765-3.
1994, 133 Seiten mit 48 Abbildungen. 88,–

191 **Vorrichtungssysteme für die flexibel automatisierte Montage**
Von Armin Willy ISBN 3-540-57784-X.
1994, 121 Seiten mit 60 Abbildungen. 88,–

192 **Wissensbasiertes Selbstheilungs- und Diagnosesystem für CNC-Koordinatenmeßgeräte**
Von Wilhelm Steger ISBN 3-540-57829-3.
1994, 147 Seiten mit 79 Abbildungen. 88,–

193 **Modell für ein rechnerunterstütztes Qualitätssicherungssystem gemäß DIN ISO 9000 ff.**
Von Ulrich Lübbe ISBN 3-540-57831-5.
1994, 152 Seiten mit 59 Abbildungen. 88,–

194 **Vorgehenssystematik zum Prototyping graphisch-interaktiver Audio/Video-Schnittstellen**
Von Claus Görner ISBN 3-540-57886-2.
1994, 181 Seiten mit 66 Abbildungen. 88,–

195 **Bewertung von Rechnerinvestitionen durch den Vergleich von Wertschöpfungsketten**
Von Christian F. Mayer ISBN 3-540-57969-9.
1994, 144 Seiten mit 45 Abbildungen und 24 Tabellen. 88,–

196 **Ein Verfahren zur kostenorientierten Produktionsprogramm- und Kapazitätsplanung bei losweiser Montage**
Von J. Kurz ISBN 3-540-57971-0.
1994, 124 Seiten mit 26 Abbildungen und 3 Tabellen. 88,–

197 **Direktmontage von Leitungen mit Industrierobotern**
Von Stefan Koller ISBN 3-540-58224-X.
1994, 105 Seiten mit 52 Abbildungen. 88,–

198 **Eine objektorientierte Architektur für Leitstände zur Feinplanung**
Von Thomas Otterbein ISBN 3-540-58273-8.
1994, 183 Seiten mit 90 Abbildungen. 88,–

199 **Erhöhung der Fertigungssicherheit und -qualität beim Hochdruckwasserstrahlen durch den Einsatz von Sensoren**
Von Michael Knaupp ISBN 3-540-58440-4.
1994, 117 Seiten mit 101 Abbildungen. 88,– D

200 **Verfahren zur Bewertung von Auftrags-Durchlaufzeiten in den indirekt-produktiven Bereichen von Maschinenbau-Unternehmen**
Von Robert Müller ISBN 3-540-58478-1.
1994, 152 Seiten mit 32 Abbildungen. 88,– D

201 **Verfahrensprüfstand für das Bearbeiten mit Industrierobotern**
Von Peter Schlaich ISBN 3-540-58510-9.
1994, 114 Seiten mit 60 Abbildungen. 88,– D

202 **Entwicklung und Optimierung von Prozeßkomponenten zur ionenunterstützten Abscheidung bei PVD-Verfahren**
Von Walter Olbrich ISBN 3-540-58511-7.
1994, 126 Seiten mit 62 Abbildungen und 7 Tabellen. 88,– D

203 **Verfahren der Konturanalyse zur Automatisierung visueller Prüfvorgänge**
Von Knut Kille ISBN 3-540-58513-3.
1994, 105 Seiten mit 50 Abbildungen und 15 Tabellen. 88,– D

204 **Verfahren zur Verbesserung der Ausfallsicherheit verteilter Informationssysteme**
Von Helmut Meitner ISBN 3-540-58623-7.
1995, 196 Seiten mit 54 Abbildungen und 13 Tabellen. 88,– D

205 **Ein unscharfes Planungsverfahren zur mittelfristigen Personalkapazitätsanpassung für die bedarfsorientierte Serienproduktion**
Von Hans-Jürgen Braun ISBN 3-540-58819-1.
1995, 164 Seiten mit 40 Abbildungen und 10 Tabellen. 88,– D

206 **Rechnergestützte Auslegungsverfahren für Großmanipulatoren mit Gelenkarmkinematik**
Von Werner Engeln ISBN 3-540-58871-X.
1995, 135 Seiten mit 52 Abbildungen und 18 Tabellen. 88,– D

07 **Montagestrukturplanung für variantenreiche Serienprodukte**
Von Ulrich Zeile ISBN 3-540-58937-6.
1995, 122 Seiten mit 65 Abbildungen. 88,– DM

08 **Entwicklung eines objektorientierten Informationssystems zur optimierten Werkstoffauswahl**
Von Dietmar R. Fischer ISBN 3-540-58938-4.
1995, 193 Seiten mit 37 Abbildungen und 14 Tabellen. 88,– DM

09 **Entwicklung einer flexibel automatisierten Nähanlage**
Von Oliver Krockenberger ISBN 3-540-58939-2.
1995, 122 Seiten mit 75 Abbildungen. 88,– DM

10 **Ultraschallbahnschweißen von Kunststoffteilen mit Industrierobotern**
Von Thomas Wagner ISBN 3-540-58940-6.
1995, 93 Seiten mit 37 Abbildungen. 88,– DM

11 **Flexibel automatisierte Montage hochpoliger Rundkabel**
Von Ralf Cramer ISBN 3-540-58979-1.
1995, 116 Seiten mit 59 Abbildungen. 88,– DM

12 **Automatische Reparatur elektronischer Baugruppen**
Von Thomas Leicht ISBN 3-540-59015-3.
1995, 99 Seiten mit 46 Abbildungen. 88,– DM

13 **Montage von Schlauchschellen mit Industrierobotern**
Von Herbert Dreher ISBN 3-540-59035-8.
1995, 103 Seiten mit 63 Abbildungen. 88,– DM

14 **Arbeitsprogrammgenerierung zum Schutzgasschweißen mit Industrierobotersystemen im Schiffbau**
Von Peter Schmid ISBN 3-540-59058-7.
1995, 131 Seiten mit 42 Abbildungen. 88,– DM

15 **Flexible Demontage mit dem Industrieroboter am Beispiel von Fernsprech-Endgeräten**
Von Martin Kahmeyer ISBN 3-540-59390-X.
1995, 99 Seiten mit 52 Abbildungen. 88,– DM

16 **Der logisch-pragmatische Gebrauch von Konditionalsätzen. Eine dialog-logische Analyse**
Von Antonius Jacobus Maria van Hoof ISBN 3-540-59463-9.
1995, 146 Seiten mit 65 Abbildungen. 88,– DM

17 **Arbeits- und organisationspsychologische Interventionen bei der Einführung von Gruppenarbeit in dezentral ausgerichteten Fertigungsinseln**
Von Manfred Schlund ISBN 3-540-60012-4.
1995, 426 Seiten mit 24 Abbildungen und 29 Tabellen. 88,– DM

18 **Herstellung geformter Schläuche mit Formdornen aus Formgedächtnislegierung**
Von Thomas Weisener ISBN 3-540-60019-1.
1995, 88 Seiten mit 48 Abbildungen. 88,– DM

Die Bände sind im Erscheinungsjahr und in den folgenden drei Kalenderjahren zu beziehen durch den örtlichen Buchhandel oder durch Lange & Springer, Otto-Suhr-Allee 26-28, 10585 Berlin.

GPSR Compliance

The European Union's (EU) General Product Safety Regulation (GPSR) is a set of rules that requires consumer products to be safe and our obligations to ensure this.

If you have any concerns about our products, you can contact us on ProductSafety@springernature.com

In case Publisher is established outside the EU, the EU authorized representative is:

Springer Nature Customer Service Center GmbH
Europaplatz 3
69115 Heidelberg, Germany

Batch number: 10844623

Printed by Printforce, the Netherlands